Mitteilungen

über

Forschungsarbeiten

auf dem Gebiete des Ingenieurwesens

insbesondere aus den Laboratorien
der technischen Hochschulen

herausgegeben vom

Verein deutscher Ingenieure.

Heft 116.

1912
Springer-Verlag Berlin Heidelberg GmbH

ISBN 978-3-662-01705-0   ISBN 978-3-662-02000-5 (eBook)
DOI 10.1007/978-3-662-02000-5

Inhalt.

Untersuchung von Flüssigkeiten, die als vermittelnde Körper im oberen Prozeß einer Mehrstoffdampfmaschine Verwendung finden können[1]).

Von Dr. phil. **H. Hort,** 𝔇𝔦𝔭𝔩.-𝔍𝔫𝔤., Essen/Ruhr.

I. Wirtschaftlichkeit einer Mehrstoffdampfmaschine. gegenüber einer Einstoff-(Wasser)dampfmaschine.

In dem Buch »Die Theorie der Mehrstoffdampfmaschine«[2]) stellt K. Schreber die Formeln zusammen, die die Vorteile der Mehrstoffmaschine gegenüber der Wasserdampfmaschine vom thermodynamischen Standpunkte aus ergeben. Für unsere Betrachtungen ist das auf S. 20 abgedruckte Ergebnis von Wichtigkeit, daß bei gleichzeitiger Beachtung der thermodynamischen Verhältnisse in der Kesselanlage und in der Maschinenanlage der Carnotsche Kreisprozeß die meiste Arbeit liefert, dessen obere Grenztemperatur 453^0 C ist. Diesem Ergebnis liegt die Erwägung zugrunde, daß mit steigender oberer Temperaturgrenze der Wirkungsgrad des Carnotschen Prozesses zwar zunimmt, daß aber gleichzeitig der Wirkungsgrad der Kesselanlage schlechter wird, da die Heizgase mit höherer Temperatur nach dem Schornstein abziehen. Die Verhältnisse ändern sich sofort, wenn man die abziehenden Heizgase zum Vorwärmen der Kesselspeiseflüssigkeit verwendet. Wenn auf diese Weise die Temperatur der abziehenden Heizgase stets gleich gehalten wird, unabhängig von der oberen Temperaturgrenze des Dampfmaschinenprozesses, dann ergibt sich, daß der Carnot-Prozeß der Anlage die größte Arbeit leistet, der die höchste obere Temperaturgrenze aufweist.

Für eine Mehrstoffdampfanlage mit $t_1 = 453^0$ C und $t_2 = 26^0$ C berechnet Schreber a. a. O. den Wirkungsgrad des Carnotschen Prozesses zu $\eta_c = 0{,}60$, den der Kesselanlage zu $0{,}71$. Mithin ist der Gesamtwirkungsgrad $= 0{,}60 \times 0{,}71$

---

[1]) Eingegangen im November 1910. Die Arbeit stammt aus der Assistententätigkeit des Verfassers am Institut für angewandte Mechanik der Universität Göttingen. Die Versuche wurden dort in der ersten Hälfte des Jahres 1906 ausgeführt.

Auch hier dankt der Verfasser seinem früheren Chef, dem Direktor des Instituts für angewandte Mechanik, Hrn. Professor Dr. L. Prandtl, für die Genehmigung zur Anstellung der Versuche und für das freundliche Interesse, das Hr. Prandtl den Versuchen entgegengebracht hat. Die Veranlassung zur Veröffentlichung der Arbeit gab dem Verfasser eine Bemerkung, die Hr. Professor Dr. A. Stodola in seinem Buch »Die Dampfturbinen« über die Aussichten der Mehrstoffdampfmaschine bezw. -turbine macht. Danach ist Hr. Stodola der Ansicht, daß die Frage der Mehrstoffkraftanlagen ein großes Interesse beansprucht.

[2]) Leipzig 1903, B. G. Teubner.

$= 0{,}43$. Für eine Wasserdampfanlage mit $t_1 = 190^0$, $t_2 = 45^0$ C wird $\eta_c = 0{,}31$. Mit einem Kesselwirkungsgrad von $0{,}90$ (entsprechend obigem $0{,}71$ berechnet) ergibt sich der Gesamtwirkungsgrad der letzteren Anlage zu $0{,}31 \times 0{,}90 = 0{,}28$. Der erstere Wirkungsgrad $(0{,}43)$ ist also um 50 vH größer als der letztere $(0{,}28)$.

Auf S. 80 a. a. O. berechnet Schreber unter bestimmten Annahmen über die Arbeitsweise der Kesselanlage und unter Berücksichtigung der Wärmedaten der vermittelnden Flüssigkeiten, daß sich die aus derselben Kohlemenge zu gewinnenden Arbeitsmengen bei Einstoff-, Zweistoff- und Dreistoffdampfmaschinenbetrieb verhalten rd. wie $1 : 1{,}3 : 1{,}6$. Dabei ist die Einstoffdampfmaschine als Wasserdampfmaschine gedacht, die zwischen 190^0 und 40^0 C arbeitet, die Zweistoffdampfmaschine als Anilin-Wasserdampfmaschine mit den Temperaturgrenzen 310^0 und 190^0 C für die Anilindampfstufe und 190^0 und 40^0 C für die Wasserdampfstufe; endlich die Dreistoffdampfmaschine als Anilin-, Wasser-, Aethylamindampfmaschine mit den Temperaturgrenzen 310^0 und 190^0 C für die Anilindampf-, 190^0 und 80^0 C für die Wasserdampf- und 80^0 und 20^0 C für die Aethylamindampfstufe.

Da die Schreberschen Berechnungen nicht besonders übersichtlich sind und auch die praktisch wichtige Ueberhitzung der Dämpfe nicht berücksichtigen, seien die vorstehenden Ergebnisse kurz durch zeichnerische Behandlung ergänzt.

Da die Anwendung einer Dampfstufe unterhalb der Wasserdampfstufe bereits durch die Praxis abgelehnt ist — was wohl in erster Linie durch die Einführung der Wasserdampfturbine mit ihrer Ausnutzungsmöglichkeit eines hohen Vakuums und in zweiter Linie durch Betriebschwierigkeiten[1] bedingt wurde —, so sollen die nachstehenden Betrachtungen auf die Zweistoffmaschine beschränkt bleiben, bei der also eine geeignete Flüssigkeit oberhalb des Wasserdampfprozesses noch einen »ersten« Prozeß beschreibt[2].

Wir nehmen an, daß die bei dem Prozeß zuzuführenden Flüssigkeitswärmen von dem Wärmeinhalt der abziehenden Heizgase gedeckt werden. Dadurch ergibt sich für unsere Betrachtungen die Vereinfachung, daß wir die Flüssigkeitswärmen $= 0$ setzen können. Ferner werde durch eine derartige Ausnutzung erreicht, daß die abziehenden Heizgase mit derselben Temperatur zum Schornstein gehen, einerlei wie hoch die obere Temperaturgrenze der Dampfmaschinenanlage ist, mit anderen Worten, daß der Wirkungsgrad der Kesselanlage stets gleich bleibt.

In Fig. 1 sei in das bekannte S-T-Diagramm eine gleichseitige Hyperbel eingezeichnet. Durch den Punkt $t_a + 273$ der T-Achse ziehen wir eine Parallele zur S-Achse. t_a möge dabei die unterste, praktisch zu erreichende Temperaturgrenze des Dampfmaschinenprozesses darstellen. Im Abstand $t_b + 273$, $t_{b1} + 273$ usw. werden weitere Parallelen zur S-Achse gezogen, die die Hyperbel in den Punkten c, c_1 usw. schneiden mögen. Durch Fällen der Senkrechten von c, c_1 usw. auf die Abszissenachse finden wir die Punkte d, d_1 usw. und e, e_1 usw. Die Fläche $obceo$ stelle nun eine Wärmemenge W dar, die bei der Temperatur t_b aus den Heizgasen in den »vermittelnden Körper« überging. Der vermittelnde Körper leistet dann in einem vollkommenen Carnotprozeß eine Arbeit entsprechend der Fläche $abcda$, während die Wärmemenge $oade$ »unausgenutzt« an die Um-

---

[1] Vergl. hierzu die Berichte Professor Josses aus dem Maschinenlaboratorium der Charlottenburger Hochschule. (Vielleicht würde eine Abwärmeturbine, die mit einem geeigneten Stoffe (schweflige Säure oder dergl.) arbeitet, weniger Betriebschwierigkeiten ergeben.)

[2] Die Darlegungen können übrigens ohne weiteres auf die Dreistoffmaschine ausgedehnt werden.

gebung abgegeben werden muß. Nehmen wir an, die Wärmemenge W gehe nicht bei der Temperatur t_b, sondern bei t_{b1} oder t_{b2} usw. aus den Heizgasen in den vermittelnden Körper über, dann erhalten wir Arbeitsgewinne entsprechend den Flächen $ab_1c_1d_1a$, $ab_2c_2d_2a$ usw, während die Wärmemengen oad_1e_1o, oad_2e_2o wieder an die Umgebung abgegeben werden.

Die den gewonnenen Arbeiten entsprechenden Flächen sind nun gegeneinander verschieden groß, und zwar gilt: $abcda > ab_1c_1d_1a > ab_2c_2d_2a \ldots$ Der Unterschied zwischen den einzelnen Arbeitsflächen ist durch Ausmessen der Flächen zu ermitteln; wie man leicht sieht, kann man setzen:

$$abcda = ab_1c_1d_1a + edd_1e_1e = ab_2c_2d_2a + edd_2e_2e \ldots;$$

denn die Flächen edd_1e_1e usw. stellen die Wärmemengen dar, die bei den Prozessen mit den Zeigern 1, 2 usw. mehr an die Umgebung abgegeben wurden, als bei dem Prozeß, dem die Arbeitsfläche $abcda$ entspricht.

In Fig. 2 sind die Verhältnisse der Fig. 1 für die beiden Fälle dargestellt, daß einmal eine Einstoff-Sattdampfmaschine mit Wasserdampf zwischen den Temperaturgrenzen 190° und 45° C arbeitet, und daß ferner eine Zweistoff-Satt-

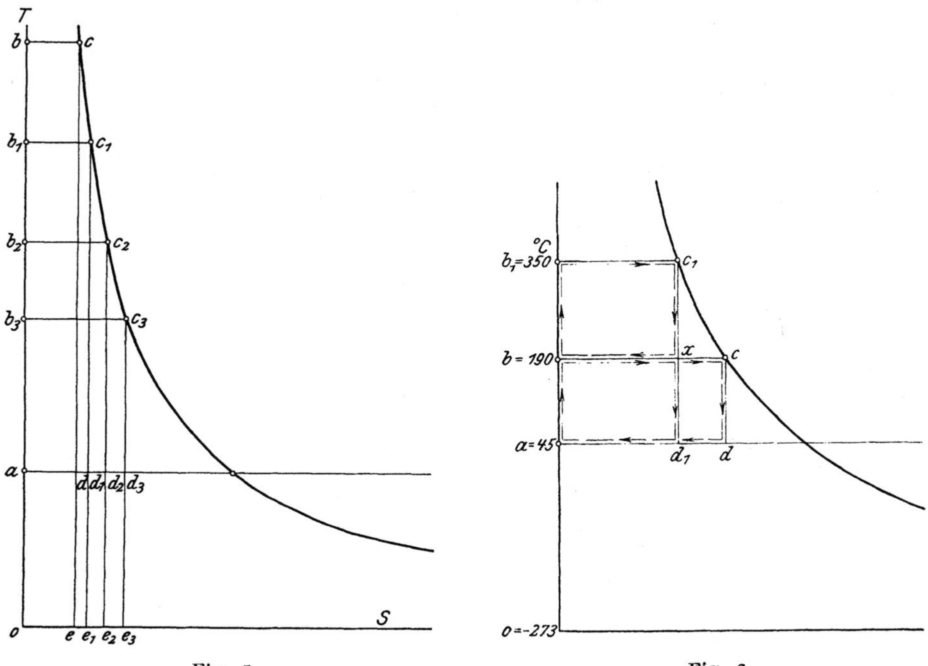

Fig. 1.Fig. 2.

dampfmaschine mit einem hochsiedenden Stoff zwischen den Temperaturen 350° und 190° C und mit Wasserdampf zwischen den Temperaturen 190° und 45° C arbeitet. Im ersteren Falle entspricht die Fläche $abcd$ der gesamten gewonnenen Arbeit; im letzteren Falle die Fläche bb_1c_1xb der im oberen Teilprozeß des hochsiedenden Stoffes gewonnenen Arbeit und die Fläche $abxd_1a$ der im unteren Teilprozeß des Wasserdampfes gewonnenen Arbeit. Die gesamte gewonnene Arbeit ist also gleich der Fläche $ab_1c_1d_1a$. Die Punkte c und c_1 liegen auf der gleichseitigen Hyperbel gemäß Fig. 1. Die Flächen $abcda$ und $ab_1c_1d_1a$ verhalten sich zueinander wie $16 : 24,5 = $ rd. $2 : 3 = 1 : 1,5$. Das Verhältnis $1 : 1,5$

ist größer als das oben angeführte, von Schreber berechnete $1 : 1{,}3$, entsprechend der Erhöhung der oberen Temperaturgrenze von 310^0 auf 350^0 C [1]).

In Fig. 3 seien die Ein- und Zweistoffmaschinenprozesse der Fig. 2 für den Fall der Ueberhitzung beider Dampfstufen dargestellt. Während wir bisher keinerlei Festsetzung der Wärmedaten der vermittelnden Stoffe brauchten, müssen wir jetzt die spezifischen Wärmen der überhitzten Dämpfe kennen. Für unsere überschlägliche zeichnerische Untersuchung genügt es, wenn wir zunächst die spezifische Wärme des hochsiedenden Stoffes im Ueberhitzungsgebiet ungefähr gleich der des überhitzten Wasserdampfes $=$ rd. $0{,}5$ setzen. (Vergl. hierzu die späteren Untersuchungen über den hochsiedenden Stoff.)

Der Einstoffmaschinenprozeß arbeite mit einer Ueberhitzung von 400^0 C; im übrigen sei er derselbe wie in Fig. 2: insbesondere sei die Verdampfungswärme für den Prozeß die gleiche, während die

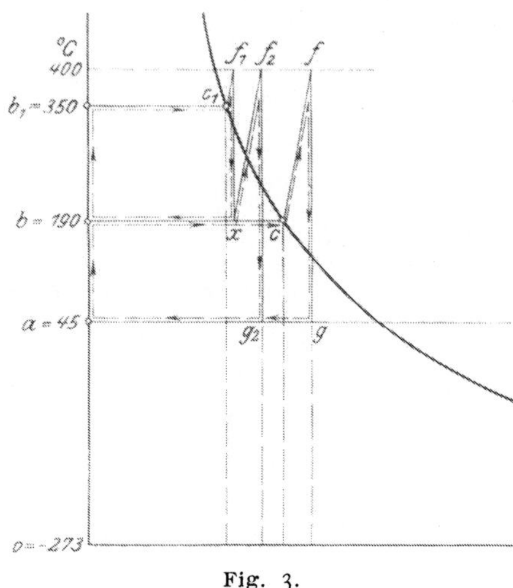

Fig. 3.

Ueberhitzungswärme in Fig. 3 den abziehenden Heizgasen besonders entzogen wird.

Die Ueberhitzungskurven $c_1 f_1$. $x f_2$ und cf der Fig. 3 sind nach der bekannten Formel $s_T = \dfrac{\lambda_0}{T_0} + c_p \ln \dfrac{T}{T_0}$ entworfen; dabei ist s_T die Entropie des auf T^0 überhitzten Dampfes von der Sättigungstemperatur T_0; λ_0 ist die Gesamtwärme des gesättigten Dampfes von der Temperatur T_0; c_p ist hinreichend genau $= 0{,}5$ gesetzt.

Die bei dem Einstoffmaschinenprozeß der Fig. 3 gewonnene Arbeit wird durch die Fläche $abcfga$ dargestellt.

Der Zweistoffmaschinenprozeß setze sich zusammen aus dem Ueberhitzungsprozeß der ersten Stufe mit der Arbeitsfläche $bb_1c_1f_1xb$ und dem Ueberhitzungsprozeß der zweiten Stufe mit der Arbeitsfläche $abxf_2g_2a$.

---

[1]) Bei dem vorliegenden Zweistoffmaschinenprozeß ist angenommen, daß die zur Erzeugung des gesättigten Wasserdampfes dienende Wärme allein aus dem Kondensat der »Primärmaschine« stammt. Im Gegensatz hierzu nimmt Schreber (a. a. O. S. 66 u. f.) an, daß die aus dem Dampfkessel der Primärmaschine abziehenden Heizgase einen weiteren Teil ihrer Wärme zur Verdampfung der Flüssigkeiten der zweiten oder der dritten Stufe usw. abgeben. Es dürfte praktisch unmöglich sein, aus den vom Dampfkessel der Primärmaschine abziehenden Heizgasen noch wesentliche Wärmemengen zur Verdampfung der Flüssigkeiten der unteren Stufen zu entziehen, da die Temperaturunterschiede zwischen den Temperaturen dieser Heizgase und der verdampfenden Sekundärflüssigkeiten zu gering sind, um aus den großen Volumen der Heizgase in die kleinen Flüssigkeitsvolumen größere Wärmemengen überzuführen. (Ueber den Einfluß der Volumina, insbesondere der Volumenunterschiede von zwei Körpern auf den Wärmeaustausch zwischen ihnen vergl. E. Hausbrand, »Verdampfen, Kühlen und Kondensieren«, 1. Aufl. S. 226, 229 und 266; ferner den Aufsatz des Verfassers »Ueber die Beurteilung von Dämpfen, die in Heiß-, Abwärme- und Kaltdampfmaschinen die Kreisprozesse vermitteln«, Zeitschr. f. d. gesamte Kälte-Industrie 1904/05.) Eine weitere Schwierigkeit ergibt sich aus dem Schreberschen Vorschlage, weil es technisch kaum durchzuführen ist, die Sekundärflüssigkeiten gleichzeitig durch die Kondensationswärme des Primärstoffes und die abziehenden Heizgaze zu verdampfen, ohne daß der zu kondensierende Primärdampf gleichfalls wieder von den abziehenden Heizgasen miterwärmt wird.

Dem Punkte x entspreche trockengesättigter Dampf des unteren Arbeitstoffes. Die Menge dieses Dampfes ist im Verhältnis $\frac{bx}{bc}$ kleiner als die dem Punkte c entsprechende Menge trockengesättigten Dampfes.

c und c_1 liegen wieder auf der gleichseitigen Hyperbel. Die Ueberhitzung ist in der Weise geleitet, daß die abziehenden Heizgase des Primärkessels zur Ueberhitzung des Sattdampfes einmal der ersten Stufe von 350^0 C auf 400^0 C, und dann der zweiten Stufe von 190^0 C auf gleichfalls 400^0 C verwendet werden[1]. (Der übrigbleibende Wärmeinhalt der Heizgase werde gemäß Früherem zur Vorwärmung der Flüssigkeiten ausgenutzt.)

Die Gesamtarbeitsfläche des Zweistoffprozesses nach Fig. 3 ist $= a\,b_1\,c_1\,f_1\,x\,f_2\,g_2\,a$.

Die Arbeitsfläche des Einstoffmaschinenprozesses nach Fig. 3 $abcfga$ verhält sich zu dieser Arbeitsfläche des Zweistoffprozesses wie $1 : 1{,}46$. Dieses Zahlenverhältnis ist immer noch nahezu gleich dem der Fig. 2, woraus folgt, daß die Ueberhitzung des Einstoffmaschinenprozesses durchaus nicht als Ersatz der Zweistoffmaschine gelten kann, was gelegentlich fälschlich behauptet wird.

Das gefundene Zahlenverhältnis bedeutet eine ganz erhebliche Verbesserung der Brennstoffausnutzung in der Zweistoffanlage mit Ueberhitzung gegenüber den besten heutigen Einstoffdampfanlagen mit höchster Ueberhitzung. Eine praktisch gebräuchliche Zahl zur Angabe der Brennstoffausnutzung einer Dampfmaschine ist der Dampfverbrauch für die Einheit der geleisteten Arbeit z. B. für 1 »effektive Pferdekraftstunde«. Diese Zahl ist bisher für die besten Dampfmaschinen oder -turbinen rd. $4{,}5$ kg/PS$_e$-st. Nach vorstehenden Ermittelungen erniedrigt sich diese Zahl für eine Zweistoffdampfanlage gemäß Fig. 3 auf

$$4{,}5 \cdot \frac{1}{1{,}46} = \text{rd. } 3{,}0.$$

Durch Vorstehendes ist die hohe Wirtschaftlichkeit der Mehrstoffmaschine nachgewiesen. Es fragt sich nun: gibt es technisch-praktisch geeignete Dämpfe zur Vermittlung des Arbeitsprozesses der Primärstufe?

In dem nächsten Abschnitt soll diese Frage geprüft werden.

II. Allgemeine Untersuchung von Stoffen, die zur Vermittlung des Arbeitsprozesses der Primärstufe technisch-praktisch in Betracht kommen.

Eine große Auswahl an Stoffen, die für unsere Zwecke verwendbar sind, gibt es nicht. Den Schreberschen Untersuchungen über diesen Punkt a. a. O. S. 48 u. f. folgen wir hier nicht, da sie nur gewisse, weniger wichtige thermische Eigenschaften der Flüssigkeiten berücksichtigen. (Z. B. kommt die Flüssigkeitswärme des vermittelnden Körpers bei zweckmäßiger Vorwärmung durch die abziehenden Heizgase für die Frage nach der vorteilhaftesten Arbeitsflüssigkeit nicht mehr in Betracht, womit der Schrebersche »kritische Bruch« x (a. a. O.)

---

[1] Die Ueberleitung der Ueberhitzungswärme aus den abziehenden Heizgasen in die dampfförmigen Stoffe dürfte wesentlich leichter zu bewirken sein, als die Ueberleitung in die flüssigen Stoffe gemäß dem auf S. 4 besprochenen Falle, da hier die Volumenunterschiede der wärmeaustauschenden Körper viel geringer sind als dort. Ferner ist es technisch ohne weiteres zu erreichen, daß der Sattdampf der zweiten Stufe mit den abziehenden Heizgasen überhitzt wird, ohne daß der zu kondensierende Dampf der ersten Stufe gleichfalls von den Heizgasen miterwärmt wird. Bei dieser Anordnung ist es möglich, einen Ueberhitzer mit zwei getrennten Rohrsystemen für die beiden Dämpfe zu verwenden.

seine Bedeutung verliert.) Wir fragen zunächst danach, ob der vermittelnde Körper bei den oberen Sättigungstemperaturen bis etwa 350° C keine zu hohen Drücke, etwa mehr als 12 at Ueberdruck und bei den unteren Temperaturen bis etwa 190° keine zu niedrigen Drücke besitzt. (Letztere würden ein hohes Vakuum des Primärkondensators bedingen.) Ferner prüfen wir, ob der Stoff bei den hohen Temperaturen und in Gegenwart der sonstigen mit ihm technisch-praktisch im Dampfmaschinenprozeß in Berührung kommenden Gase und Stoffe usw. beständig ist, d. h. keine chemischen Verbindungen eingeht oder sich zersetzt. Endlich darf der Stoff nicht übermäßig teuer sein; denn wenn er auch praktisch nicht »verbraucht«, sondern im Kreislauf immer wieder verwendet wird, so bedingt doch die Verwendung eines teueren Stoffes die Festlegung eines größeren Kapitals, dessen Verzinsung bei der Berechnung der Wirtschaftlichkeit einer solchen Kraftanlage einen wichtigen Posten darstellen wird.

Wir beginnen mit dem von Schreber als geeignet bezeichneten Anilin.

Technisches, durch Destillation gereinigtes Anilin ist nach Schrebers Versuchen bis zu Temperaturen von 310° C beständig. Bei diesen Versuchen wurde der Sauerstoff der Luft sorgfältig von dem Anilin ferngehalten. Da es bei einer Dampfkraftanlage der hier vorausgesetzten Art praktisch unmöglich sein wird, Sauerstoff, z. B. den Luftsauerstoff, aus den Anilin-Flüssigkeits- und -Dampfräumen dauernd fernzuhalten, so ist zu untersuchen, ob Anilin auch in Gegenwart von Luft bei hohen Temperaturen beständig ist. Zu diesem Zwecke wurde ein Glaskölbchen zur Hälfte mit Anilin gefüllt, während sich im übrigen Teil atmosphärische Luft befand. Das Gefäß wurde zugeschmolzen und im Paraffinbad auf etwas über 200° C erwärmt. Dabei zersetzte sich das Anilin in eine dicke schwarzbraune Flüssigkeit. Hierdurch bestätigt sich eine Vermutung, die aus der bekannten Erscheinung herzuleiten ist, daß Anilin sich schon bei gewöhnlicher Temperatur in Berührung mit atmosphärischer Luft langsam zersetzt. Es ergibt sich, daß Anilin praktisch als vermittelnder Körper für die Primärkraftanlage nicht in Betracht kommt.

Von den sogenannten aromatischen Verbindungen wären Aethyl- und Methylbenzoat für unsere Zwecke hinsichtlich der auftretenden Dampfspannungen noch geeignet. Ihre Siedetemperaturen liegen bei 213 bezw. 208° C. Jedoch verhalten sie sich gegen den Sauerstoff der Luft ähnlich wie das eben besprochene Anilin.

Andere Stoffe wie das Phenol (C_6H_6O), ferner das Naphthalin, deren Siedepunkte günstig liegen (bei 183° und 218°), haben den großen praktischen Nachteil, daß sie bei Zimmertemperatur fest sind. Ihre Schmelzpunkte liegen bei 40° bezw. 79° C. Wird eine solche Anlage außer Betrieb gesetzt, so würden sich sehr große Schwierigkeiten infolge »Einfrierens« der Maschinen, Kessel, Leitungen usw. ergeben.

Von sonstigen Stoffen erschien das Mono-Nitrobenzol ($C_6H_5NO_2$) als Flüssigkeit der Primäranlage geeignet. Sein Siedepunkt liegt bei 210° C. Es ist wie alle Mono- und Dinitrate (im Gegensatz zu den Tri- und Tetrakörpern) recht beständig und gegen Oxydationsmittel unempfindlich. Vor Säuren (Schwefel-, Salz- usw.), Natriumamalgam, alkoholischer Kalilauge usw. ist es zu schützen, da diese es reduzieren. Jedoch kommen alle diese schädlichen Stoffe bei Dampfkraftanlagen praktisch nicht vor.

Ein Nachteil des Nitrobenzols ist der, daß es, besonders in Dampfform, giftig ist, doch gehört es zu den weniger starken, sogen. »indirekt wirkenden«

Giften. Es besitzt dabei einen an bittere Mandeln erinnernden Geruch. Der Preis des Nitrobenzols ist verhältnismäßig gering (rein 1 kg = 2 $\mathcal{M}$, käuflich 1kg = 1 $\mathcal{M}$). Durch eingehende Untersuchungen, die mit dem im Nachstehenden beschriebenen Apparat vorgenommen wurden und weiter unten mitgeteilt sind, wurde nun festgestellt, daß technisch reines Nitrobenzol in Gegenwart von Luftsauerstoff bis zu 334° C beständig ist: dabei besitzt es eine Dampfspannung von rd. 10 kg/qcm. Bei Ueberschreitung dieser Temperatur zersetzt es sich jedoch, was bei den unten beschriebenen Versuchen zunächst durch langsames Steigen der Dampfspannung bei gleichbleibender und sogar sinkender Temperatur des Stoffes bemerkbar wurde. Nach Oeffnen des Dampfgefäßes ergab sich dann, daß sich das ursprünglich hellgelbe, dünnflüssige Nitrobenzol in einen dunkelbraunen, dickflüssigen Stoff verwandelt hatte (vergl. unten).

Da wir oben als höchste Temperaturgrenze der Primärdampfanlage 350 bis 400° C festgelegt haben, so ergibt sich aus Vorstehendem, daß auch Nitrobenzol als Primärdampf praktisch nicht verwendbar erscheint, wenngleich es wesentlich günstiger ist als Anilin. (Vielleicht würde chemisch reines Nitrobenzol sich noch günstiger verhalten als das untersuchte, nur technisch reine.)

Wir müssen jedenfalls hier das Nitrobenzol aus unseren Betrachtungen als ungeeignet ausscheiden.

Es gibt noch eine große Zahl weiterer anorganischer Verbindungen, die nach Lage ihres Siedepunktes (nahe bei 200° C) für das Temperaturgebiet der Primärmaschine als vermittelnde Körper geeignet erscheinen könnten. Schreber führt eine Reihe derartiger Stoffe (a. a. O. S. 52) an. Ein Blick auf ihre verwickelte chemische Zusammensetzung zeigt jedoch, daß sie das Anilin oder das Nitrobenzol an Beständigkeit gegen Oxydationsmittel nicht erreichen können. Sie sind daher als Primärstoffe, ganz abgesehen von ihrem teilweise sehr hohen Preise, ungeeignet.

Wir beschränken unsere weiteren Untersuchungen auf eine Gruppe von Stoffen, die unter dem Namen der »Kohlen-Wasserstoffreihe« zusammengefaßt sind.

Die chemische Zusammensetzung dieser Stoffe, der sogen. Homologen der C-H-Reihe, läßt sich allgemein durch die Formeln $C_n H_{2n}$ und $C_n H_{2n+2}$ darstellen. Für unsere Zwecke kommen — vom Standpunkt zulässiger Dampfspannungen in den Temperaturgrenzen 400 bis 200° C — nur die höheren Glieder dieser Reihe, besonders das Undekan und das Dodekan in Betracht, deren chemische Formeln $C_{11} H_{24}$ und $C_{12} H_{26}$ sind. Die Siedepunkte dieser Körper liegen bei 185° C und 214° C. Die Stoffe zeichnen sich durch eine besondere Beständigkeit gegen Sauerstoff aus. Dagegen ist ihr gegenwärtiger Preis: 1 kg = rd. 250 $\mathcal{M}$, so hoch, daß sie aus diesem Grunde ebenfalls als vermittelnde Körper einer Primärdampfanlage ausscheiden.

Nun ist es möglich, einen billigen Ersatz für das Undekan und das Dodekan zu schaffen, indem man aus dem allbekannten und wohlfeilen Petroleum ein Destillat herauszieht, dessen Siedepunkt etwa bei 180 bis 200° C liegt[1]).

Ein anderer Vorschlag ist bereits früher gemacht worden, als Primärdampf Solaröl zu verwenden. Es besteht auch ein Patentschutz auf »Solaröldampfmaschinen«.

Gegen die Verwendung des Solaröls wird angeführt, daß es kein thermodynamisch bestimmter Stoff sei, infolgedessen es auch unmöglich sei, die Ab-

---

[1]) Für diesen Gedanken ist gesetzlicher Schutz nachgesucht.

messungen einer mit Solaröldampf arbeitenden Dampfkraftanlage auf Grund der Wärmedaten des Dampfes zu berechnen.

Zur näheren Prüfung dieses Einwandes hinsichtlich des genannten Destillates sowie überhaupt zur Untersuchung der Beständigkeit und der allgemeinen thermischen Eigenschaften eines derartigen Destillates wurden die im Folgenden mitgeteilten Versuche vorgenommen. Als wichtigstes Ergebnis seien hier die nachstehenden Angaben vorweggenommen:

Das untersuchte Petroleumdestillat war bis zu der höchsten, in der Versuchsanordnung zu erreichenden Ueberhitzungstemperatur von 375^0 C in Gegenwart von Luft beständig. Einer Temperatur von 360^0 C entspricht eine Naßdampfspannung von 13 at Ueberdruck.

Ueber die näheren thermischen Daten ist weiter unten berichtet. Ein Ergebnis dieser Daten ist die Widerlegung des oben angeführten Einwandes, das Destillat sei wegen seiner thermischen Unbestimmtheit für unsere Zwecke ungeeignet. Die Versuche ergeben vielmehr, daß es möglich sein wird, für ein bestimmtes Petroleumdestillat (aus demselben Petroleum zwischen denselben Destillationstemperaturen gewonnen) bei gegebenen Dampfraum-Abmessungen der Gesamtkraftanlage das thermische Verhalten des Stoffes im voraus anzugeben und somit die Einzelteile der Anlage richtig zu bemessen.

III. Beschreibung des Versuchsverfahrens und der Versuchsanordnung zur Untersuchung der Wärmeeigenschaften des Nitrobenzols und des oben genannten Petroleumdestillates.

Die für die Versuche benutzte Anordnung wurde im Institut für angewandte Mechanik der Universität Göttingen aus dessen Mitteln unter möglichster Verwendung vorhandener Apparate gebaut. Mit Rücksicht auf einfache und billige Gesamtanordnung sowie bequeme Bedienung der Versuchsanlage wurde die Genauigkeit der Messungen nicht weiter getrieben, als es den Forderungen technischer Betriebspraxis zunächst genügen dürfte. Demgemäß wurden die Dampfspannungen nur im Vakuumgebiet mit dem Quecksilbermanometer gemessen, im Ueberdruckgebiet dagegen mit einem Bourdonschen Röhrenfedermanometer (Nr. 89022 von Dreyer, Rosenkranz & Droop), das unter freundlicher Vermittlung des Hrn. Professors Freese im Ingenieurlaboratorium der Technischen Hochschule Hannover mit den dortigen Eichvorrichtungen vorher verglichen wurde. Das Manometer zeigte dabei einen nahezu stets gleichen Fehler von $+ 0{,}2$ kg/qcm. Für die Messungen der Dampf- und Badtemperaturen wurde bis zu 190^0 C ein gewöhnliches Quecksilberthermometer benutzt, das während der Versuche mit einem von der Großherzogl. Sächs. Prüfungsanstalt für Glasinstrumente zu Ilmenau geeichten Laboratoriumsthermometer des Instituts verglichen wurde. Für die Temperaturmessungen zwischen 190^0 und 375^0 C wurde das Laboratoriumsthermometer unmittelbar verwendet. Die Flüssigkeitsmengen wurden auf einer einfachen Hebelwage auf 0,1 g genau abgewogen.

Die Versuchsanlage wurde in der Art ausgebildet, daß für eine abgemessene Menge der Versuchsflüssigkeit die Temperaturdruckkurve des Naßdampfgebietes und darüber hinaus des angrenzenden Ueberhitzungsgebietes bei bekanntem Dampfgefäßrauminhalt bestimmt und dann nach Veränderung der abgemessenen Flüssigkeitsmenge eine gleiche Kurve aufgenommen wurde usw. Zu diesem Zwecke mußte das für die Versuche verwendete Dampfgefäß mit einem Ventil versehen werden, durch das die Versuchsflüssigkeit bequem ein- und abgelassen werden konnte.

In Fig. 4 und 5 ist die Versuchsanordnung in ihren Hauptteilen in Schnitt und Aufsicht abgebildet. Fig. 6 stellt das Flüssigkeitseinlaßventil in größerem Maßstab dar.

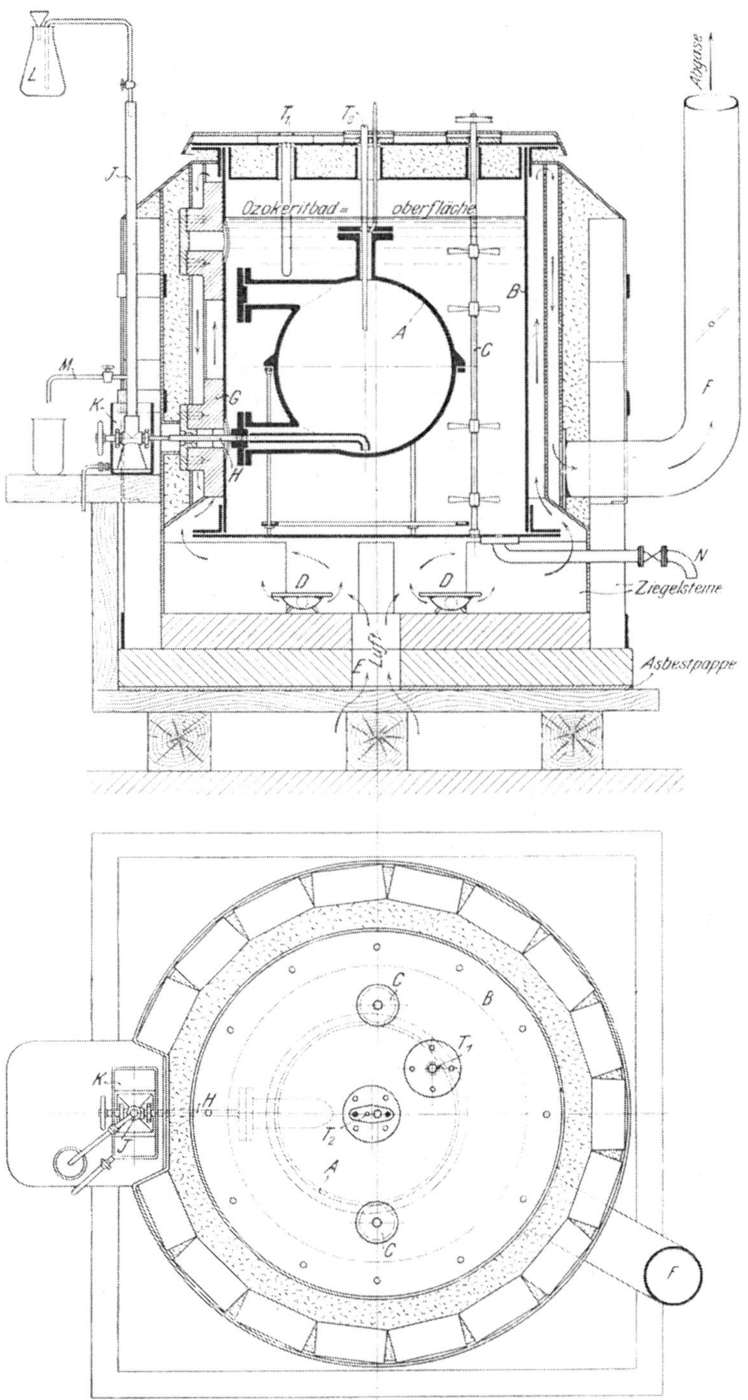

Fig. 4 und 5. Versuchsanlage. Maßstab rd. 1 : 13.

In Fig. 4 und 5 ist *A* das kugelförmige Gefäß, in dem sich die zu untersuchende Flüssigkeit befindet. Es besteht aus Kupfer und hält über 20 at Innendruck aus. *B* ist ein zylindrischer eiserner Topf, der mit einer geeigneten Flüssigkeit gefüllt als Wärmebad für *A* dient. Als Badflüssigkeit wurde Ozokerit, ein Produkt des Erdwachses, verwendet, das sich als sehr geeignet für Bäder von hohen Temperaturen erwies. Der Schmelzpunkt des Ozokerits liegt bei rd. 70° C, sein Siede- und Entflammungspunkt über 300° C. Nach Abdampfen der leichter flüchtigen Stoffe konnte die Badtemperatur während der Versuche vorübergehend bis auf 375° C erhöht werden, wobei das Bad allerdings starke Dampfentwicklung zeigte[1]).

Das Bad wird von zwei maschinell betriebenen Rührwerkswellen *C* dauernd gleichmäßig gemischt, sodaß in der ganzen Flüssigkeit eine gleichmäßige Temperatur herrscht, und durch Leuchtgas vermittels zweier regelbarer großer Brenner *D*, die zusammen 35 bis 40 ltr/min Gas verbrannten, beheizt. Diese zur Erzielung einer bestimmten Heizgeschwindigkeit (rd. 40° mittlere Temperaturerhöhung in 1 st) nötige Heizgasmenge war vorher unter Berücksichtigung der Wärmeleitverluste des Apparates und des Wirkungsgrades der Feuerung überschläglich berechnet worden.

Die nötige Verbrennungsluft gelangte durch die mit einem Schieber einstellbare Oeffnung *E* zu den Brennern. Die Heizgase streichen unter dem Boden des Bades *B* weg, ziehen an dessen Seitenwand zwischen Zylindern aus Asbestpappe einmal nach oben und dann wieder abwärts und gelangen schließlich nach Wärmeabgabe an das Bad durch die mit Drosselklappe versehene Rohrleitung *F* ins Freie. Zur Verminderung der Wärmeverluste nach außen wurde der Heizraum und das Bad nach unten und den Seiten durch Ziegelsteinlagen und Astbestflockenschichten, nach oben durch die unter dem Deckel des Bades angebrachte Astbestflockenlage und eine auf dem Deckel in geringem Abstand aufgelegte Astbestplatte abgedeckt.

Auf dem Deckel des Bades *B* ist eine Thermometerbüchse angeordnet, die in die Badflüssigkeit eintaucht. Sie ist mit leicht schmelzendem Metall gefüllt und dient zur Aufnahme des Thermometers T_1. Am Boden von *B* ist ein Rohr *N* mit Hahn zum Ablassen des Ozokerits angeschraubt.

Von den drei Stutzen des Dampftopfes *A* wurde der obere zum Anschluß der Wasserstrahlluftpumpe und der erwähnten Druckmeßapparate benutzt; ferner wurde durch diesen Stutzen die Büchse eines zweiten Thermometers T_2 in das Innere des Dampftopfes geführt. Der höhere der seitlich angeordneten Stutzen wurde blind zugeflanscht, während der untere zur Zu- und Abführung der zu untersuchenden Flüssigkeit nach dem Gefäßinnern diente. Zu diesem Zwecke mußte der Topf *A* in *B* so gelagert werden, daß die Achse des unteren Stutzens mit der Achse der Flansche *G* des Bades *B* zusammenfiel. Auf diese Weise konnte das Ventil *H* zur Zu- und Abführung der Versuchsflüssigkeit von außen durch den Raum des Bades *B* bis in das Innere des Dampftopfes *A* dichtschließend geführt werden. Die Einzelheiten dieses Ventils, das nach Angabe des Verfassers von der Armaturenfabrik von Dreyer, Rosenkranz & Droop in Hannover in entgegenkommender Weise gebaut wurde, sind aus Fig. 6 zu ersehen. Das Ventil ist als Nadelventil ausgebildet, dessen Spindel *a* in dem Sitz *b* dicht eingeschliffen ist. Die von *c* bis *d* hohlgebohrte Spindel verbindet

---

[1]) Das für die Versuche benötigte Ozokerit wurde mir in freundlicher Weise von der Firma Compes & Co. in Düsseldorf überlassen, wofür ich ihr bestens danke.

die Räume c bis d dauernd miteinander. Der Raum c steht nun in Verbindung mit dem Innern des Standrohrs J (vergl. auch Fig. 4 und 5). Wird die Spindel a vermittels des Handrades e in dem Gewinde f vor- oder zurückgeschraubt, so wird d von dem Innern des Dampftopfes A abgeschlossen oder mit ihm verbun-

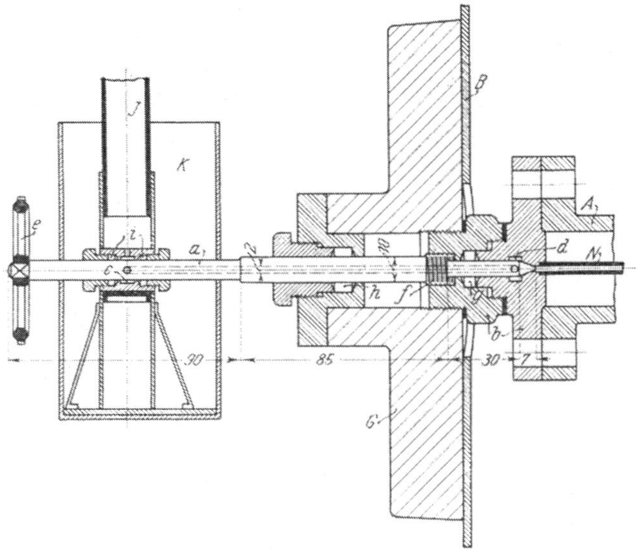

Fig. 6. Einlaßventil. Maßstab rd. 1 : 3.

den. In gleicher Weise wird dann das Innere des Standrohrs J von dem Topfinnern abgeschlossen oder damit verbunden, sodaß bei entsprechendem Ueberdruck in J die Versuchsflüssigkeit von J nach A überströmen kann. Vor die Oeffnung des Ventilsitzes b, die nach dem Topfinnern führt, ist ein Röhrchen N angelötet, das bis auf den tiefsten Punkt des Bodens von A geführt ist, Fig. 4. Hierdurch kann beim Entfernen der Versuchsflüssigkeit aus A durch das Nadelventil die Flüssigkeit bis auf einen kleinen Rest herausgedrückt werden. Der Ventilsitz b ist zweiteilig ausgebildet, um eine Stopfbüchsenabdichtung g für den Raum d nach außen hin zu schaffen. Der eine Teil von b ist an dem Dampftopfstutzen befestigt, der andere in der Flansche G des Bades B verschraubt. Dadurch ist erreicht, daß Ventilspindel und -sitz gegeneinander zentriert sind. Die Stopfbüchse h dichtet das Badinnere nach außen ab, ebenso dichten die Stopfbüchsen i den Raum c und das Innere von J nach außen ab. Das Standrohr J ruht auf einem Fuß in dem Blechgefäß K, das vermittels durchströmenden Wassers auf stets gleicher Temperatur gehalten wird. Das Standrohr J kann von dem Gefäß L aus, das auf der Wage zur Messung der Mengen der Versuchsflüssigkeit steht, vermittels Hebers mit der Versuchsflüssigkeit gefüllt und durch die Leitung M entleert werden.

Zur Abdichtung der Flanschen an den drei Stutzen des Dampftopfes A wurden mit sehr gutem Erfolg die »elastisch-wellenförmigen Reinnickel-Dichtungsringe mit Asbestgraphiteinlage« der Firma Fr. Goetze in Burscheid bei Köln a/Rhein verwendet. Die Ringe hielten bei Kohlensäuredruckproben bis zu den höchsten angewandten Drücken (20 at Ueberdruck) vollständig dicht. Die Asbestgraphiteinlagen sind durch eine innerste Nickelwand des Ringes gegen das Innere des Dampftopfes abgetrennt, sodaß sie mit der Versuchsflüssigkeit nicht in Berührung kommen. Bei jedem Lösen der Flansche wurden neue, noch vollständig elastische Ringe benutzt. Die Einflüsse der Badtemperaturen auf die Flanschverschraubungen sind gering, da die Stutzen des Dampftopfes aus Kupfer, die Gegenflanschen und Schraubenbolzen dagegen aus Eisen bestehen, sodaß die Ausdehnung der Metallteile sich zum großen Teil gegeneinander aufhebt.

Da bei steigender Temperatur die Pressung zwischen Flanschen und Stutzen sogar noch etwas steigt (entsprechend dem größeren Wärmeausdehnungskoeffizienten von Kupfer gegen Eisen), wurden zudem die Versuche in Richtung steigender Temperatur vorgenommen, sodaß ein Undichtwerden der Flanschen während der Versuche ausgeschlossen war.

Der Zusammenbau des Apparates zu einem Versuch sowie die Versuche selbst sind in der nachstehend beschriebenen Weise durchgeführt.

Zunächst wird die hohle Spindel a des Nadelventils H sorgfältig mit der Versuchsflüssigkeit gefüllt und in den äußeren Teil des Ventilsitzes b geschraubt, worauf die Stopfbüchspackung g mit dem inneren Teil von b angebaut und der Raum d bei offenem Ventil gleichfalls mit Versuchsflüssigkeit gefüllt werden. Nunmehr wird das Nadelventil zugeschraubt und vom Innern des Topfes B her durch die Flansche G durchgesteckt und in G verschraubt. Der Dampftopf A, dessen obere Flanschen bereits angebracht sind, wird in das Badgefäß gesetzt und mit seiner unteren Flansche an die Flansche des Ventilsitzes b vermittels Kopfschrauben, die bereits in den Löchern der Flansche b stecken, angeschraubt. Die Rührwerkwellen werden in ihre Fußlager gestellt. Dann wird das Ozokerit in das Bad geworfen und langsam geschmolzen. Hierbei ist darauf zu achten, daß nicht zu viel Ozokerit in das Bad gefüllt wird, da es infolge starker Wärmeausdehnung bei hohen Temperaturen im Topf zu hoch steigen könnte.

Nachdem der Deckel auf B aufgeschraubt ist, werden die Abdichtungen der durch den Deckel geführten Rohre und Rührwerkwellen, ferner die Antriebschnurscheiben der Wellen und der Dreiwegehahn angebracht, der das Innere des Dampftopfes A mit der Luftpumpe und den Druckmessern verbindet. Ueber das freie Ende der Ventilspindel a wird die Stopfbüchse h geschoben und an G befestigt. Ebenso wird das Standrohr J mitsamt Gefäß K auf a aufgesetzt und das Stopfbüchsenpaar i angezogen. Nachdem J bis zu einer bestimmten Marke mit der Versuchsflüssigkeit gefüllt ist, ist der Apparat versuchsfertig; seine Temperatur wird dabei etwas über der Schmelztemperatur des Ozokerits gehalten, auf rd. 75 bis 100° C.

Nunmehr wird der Dampftopf vermittels der Wasserstrahlluftpumpe möglichst weit auf einen Luftdruck von 60 bis 70 mm Quecksilbersäule ausgepumpt. Dieser Druck und die gleichzeitige Temperatur werden vermerkt zur späteren Berücksichtigung des Luftteildruckes bei der Ermittlung der Druck-Temperaturkurven des Versuchsstoffes. (Da nur Stoffe in Betracht kommen, die gegen Sauerstoff unempfindlich sind, ist die Gegenwart der Luft in A nicht weiter nachteilig.)

Bei vorsichtiger Oeffnung des Nadelventiles H wird Flüssigkeit aus dem Standrohr J in den Topf A gesaugt. Gleichzeitig wird aus L entsprechend viel Flüssigkeit in J nachgefüllt, so daß der Flüssigkeitsspiegel des Standrohres ungefähr gleich hoch bleibt. Nach Einlassen einer bestimmten Flüssigkeitsmenge wird das Ventil H wieder geschlossen. Durch Abwiegen des Gefäßes L wird unter Berücksichtigung der Spiegelveränderung in J die Flüssigkeitsmenge bestimmt, die in den Topf A hineingelassen ist.

Beim Einlassen der Versuchsflüssigkeit steigt natürlich der Druck in A sogleich auf den der Badtemperatur entsprechenden Flüssigkeitsdruck.

Nunmehr wird die Badtemperatur durch geeignete Regelung der Gasbrenner absatzweise erhöht und dann stets längere Zeit auf einem Punkt gleich gehalten, bis die Druck- und Temperatur-Meßgeräte durch Stillstehen einen Temperaturausgleich im ganzen Apparat anzeigen. Dann werden die zusammengehörigen Werte von Druck und Temperatur aufgeschrieben und gleichzeitig zwecks übersichtlicher Beobachtung des Dampfzustandes in ein p-t-Diagramm (zunächst ohne Berichtigung des Einflusses des herausragenden Fadens und des Luftteildruckes) eingezeichnet. Die p-t-Kurve wird soweit verfolgt, bis die im Topf A befindliche Flüssigkeitsmenge vollständig verdampft ist und sich überhitzter Dampf in A befindet. Dies ist leicht daran zu erkennen, daß die p-t-Kurve im Punkt trockner Sättigung einen Knick erhält und sich von da an in einer langsamer ansteigenden, angenähert geraden Linie fortsetzt. Die Ueberhitzungskurve wird noch ein Stück weit verfolgt. Dann werden die Brenner abgestellt und der Apparat so weit abgekühlt, daß in A wieder Unterdruck herrscht. Nun wird durch H eine weitere Menge der Versuchsflüssigkeit in A hineingelassen, der Apparat wieder auf die obige Temperatur der trocknen Sättigung erwärmt und der Versuch in der beschriebenen Weise wiederholt.

Auf diese Weise wird die Versuchsflüssigkeit bis zu den höchsten mit dem Apparat zu erreichenden Temperaturen (rd. 375° C) untersucht.

Zur überschläglichen Ermittlung der in den Dampftopf A einzulassenden Flüssigkeitsmengen wurde die Näherungsformel[1]) für die Clapeyronsche Gleichung benutzt:

$$V = \frac{0{,}0795\,T}{p\,\mu},$$

wobei V das Volumen von 1 g trocknen Dampfes in cbdm, T die absolute Temperatur in $^{\circ}$ C, p den zugehörigen Dampfdruck in kg/qcm und μ das Molekulargewicht der Versuchsflüssigkeit bedeuten.

Zusammengehörige Werte von p und T sind für die hier in Betracht kommenden Stoffe für das Druckgebiet o bis 1 kg/qcm bekannt, so daß die Flüssigkeitsmengen für dieses Gebiet überschläglich zu berechnen sind, besonders für den atmosphärischen Siedepunkt des Stoffes. Für die höheren Drücke kann der Verlauf der p-t-Kurve durch sinngemäße Verlängerung der bei den vorhergegangenen Versuchen ermittelten Kurvenzweige angenähert ermittelt, und so auch für diese Gebiete die in A einzuführenden Flüssigkeitsmengen mit obiger Formel im voraus hinreichend genau berechnet werden.

Die thermodynamische Auswertung der so gefundenen p-t-Kurven für unveränderliche spezifische Volumina ist im Abschnitt V behandelt.

Bei der Durchführung der Versuche zeigte sich, wie hier vorweggenommen sei, daß die Temperaturen des Bades gut zu regeln und infolge der großen Massen des Apparates längere Zeit bequem gleichmäßig zu erhalten waren. Der Temperaturausgleich zwischen Bad und Dampftopfinnerm ging sehr rasch vor sich, so lange sich noch nasser Dampf in A befand. War der Dampf überhitzt, dann erfolgte der Wärmeausgleich langsamer.

Eine Unbequemlichkeit der Versuchsanordnung bestand darin, daß der Dampftopf A nicht zweiteilig war. Dadurch war die Reinigung des Innern von A für eine neue Versuchsreihe sehr erschwert.

---

[1]) Vergl. W. Nernst, Physikalische Chemie, 3. Auflage S. 63.

Die nachstehenden Versuchsergebnisse könnten dadurch gestört sein, daß sich in der Leitung, die den Dampftopf A mit dem Druckmesser verbindet, Mengen des Versuchstoffes kondensierten und ansammelten. In der zum Vakuummeter führenden Glasleitung konnten jedoch keine derartigen Kondensatmengen während der Versuche im Unterdruckgebiet von außen bemerkt werden, was wohl dadurch zu erklären ist, daß die schwereren Dämpfe des Versuchstoffes (besonders des hochsiedenden Petroleumdestillates) in der Hauptsache im Dampftopf blieben, während die leichteren Luftmengen, die nach dem teilweisen Auspumpen noch in A waren, hauptsächlich in die Manometerleitungen emporstiegen. Zudem hatten diese Leitungen Gefälle nach dem Anschluß bei A hin, so daß etwa hochsteigende und sich niederschlagende Dämpfe nach A zurückfließen mußten.. Danach dürften die genannten Umstände keinen Fehler in der Bestimmung der in A befindlichen Mengen des Versuchstoffes verursacht haben. Infolgedessen konnte von einem Flüssigkeitsverschluß Abstand genommen werden, der ursprünglich in A vor dem nach den Druckmeßapparaten führenden Anschlußrohr vorgesehen war. Dieser Flüssigkeitsverschluß war sehr schwierig zu bedienen und hätte vermutlich anderweite Fehlerquellen bedingt.

IV. Versuche.

A) Eichungen und Vorversuche.

Zur Vorbereitung der Versuche mußte zunächst der Innenraum des Dampftopfes A durch Wasserfüllung ermittelt werden. Bei Berücksichtigung der Raumänderungen durch den Flanscheinbau und den Anschluß der Manometerleitungen ergibt sich das Volumen dieses Raumes bei 0^0 C zu $V_{A_0^0 c} = 14{,}02$ cdm. Für eine beliebige Temperatur gilt dann: $V_A = 14{,}02\ (1 + a_{cu}\, t)$.

Der hier einzusetzende Raumausdehnungskoeffizient für Kupfer ist

$$a_{cu} = 0{,}000055;$$

damit wird

$$V_{A_t} = 14{,}02\ (1 + 0{,}000055\ t).$$

Die Raumänderung durch den inneren Ueberdruck kann vernachlässigt werden, wie eine Ueberschlagsrechnung zeigt.

Weiterhin war das Standrohr J mit einer Millimeterteilung zu versehen und sein Inhalt zu eichen.

Ein Heizversuch mit dem luftgefüllten, auf rd. 200 mm Quecksilbersäule ausgepumpten Topf A ergab, daß nach 10 min gleich hoch gehaltener Temperatur T_1 des Ozokeritbades die Quecksilbersäule des Manometers und die Temperatur T_2 des Topfinnern keine Aenderungen mehr zeigten, ein Beweis dafür, daß in dieser Zeit Temperaturausgleich in dem ganzen Apparat eingetreten war. Bei diesen Vorversuchen zeigte sich übrigens, daß das Thermometer T_2 sowohl bei steigender wie bei fallender Badtemperatur (bei Berücksichtigung der Fadenberichtigung und bei Vertauschung der Thermometer) stets 1 bis 2^0 C weniger zeigte als T_1, sobald nicht genügend Ozokerit in dem Gefäß B war, d. h. sobald die oberste Flansche von A nicht in das Ozokeritbad eintauchte. Dann leiteten offenbar die unter die Badtemperatur abgekühlte, oberste Flansche und die von ihr zum Deckel von B führenden Rohre mehr Wärme von der Messingbüchse des Thermometers T_2 nach außen ab, als aus dem Innern von A in die Messingbüchse und zur Quecksilberkugel von T_2 übertreten konnte. Hieraus ergab sich, daß für die Hauptversuche das Bad B stets bis über die obere Flansche von A mit Ozokerit zu füllen war.

Um die Bedienung des Apparates einzuüben und die damit zu erreichende Genauigkeit zu erproben, wurden zunächst Versuche mit Wasser als Untersuchungsflüssigkeit in der oben beschriebenen Weise vorgenommen.

Die dabei ermittelten Drücke und Temperaturen sowie die in den Dampftopf A eingeführten Flüssigkeitsmengen sind in der Zahlentafel A zusammengestellt. Die gleichfalls angegebenen Stunden und Minuten entsprechen den Zeiträumen, in denen die Badtemperaturen unverändert gehalten wurden. Die zeichnerische Wiedergabe der beobachteten Drücke und Temperaturen zeigt Fig. 7.

Es wurden drei Versuchsreihen mit drei verschiedenen, in den Dampftopf eingeführten Wassermengen durchgeführt. Für diese drei Wassermengen berechnen sich die spezifischen Dampfgewichte bei Benutzung der Formel für das Dampftopfvolumen S. 14 (und vorläufig angenähert ermittelten Sättigungstemperaturen) zu

$$\gamma_1 = 0{,}447; \quad \gamma_2 = 1{,}198; \quad \gamma_3 = 8{,}073 \text{ kg/cbm};$$

diesen spezifischen Dampfgewichten entsprechen nach den bekannten Dampftabellen die Sättigungstemperaturen

$$t_{\mathrm{I}} = 91{,}5\,^{\circ}\mathrm{C}; \quad t_{\mathrm{II}} = 121{,}8\,^{\circ}; \quad t_{\mathrm{III}} = 201\,^{\circ}\mathrm{C}.$$

In Fig. 7 sind einmal drei Teilstrecken der bekannten p-t-Kurve für gesättigten Wasser-

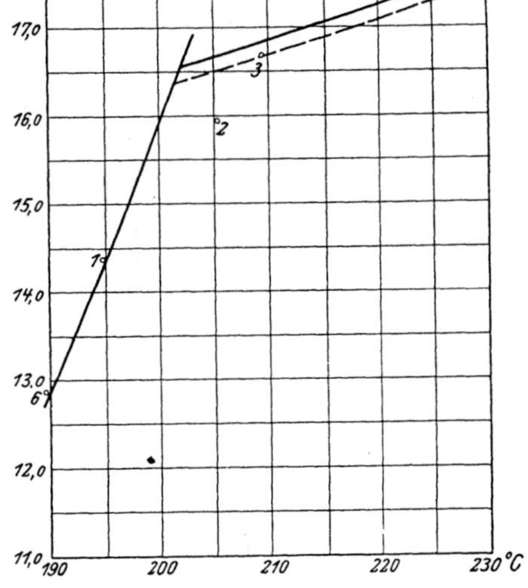
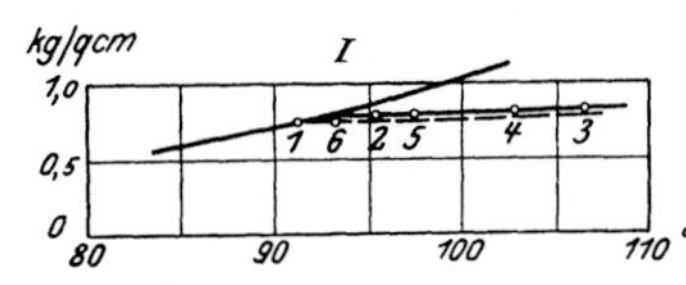
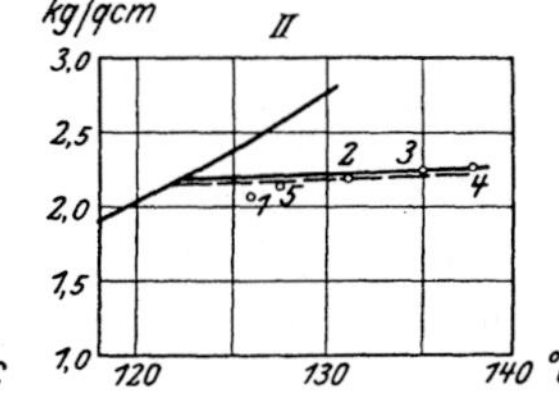

Fig. 7. Versuch mit Wasser.

Zahlentafel A.
Versuche mit Wasser als Versuchsflüssigkeit zur Erprobung der Anordnung.

Nr.		Zeit	Temperatur °C	Druck kg/qcm	Flüssigkeit im Dampftopf g	Datum des Versuches
I.	1	$11^{05}-11^{40}$	91,3	0,745		3. 4. 1906
	2	$12^{35}-12^{55}$	97,4	0,790		Vormittag
	3	$2^{05}-\ 2^{58}$	107,5	0,835		Nachmittag
	4	$3^{25}-\ 3^{35}$	102,8	0,823	6,29	
	5	$4^{00}-\ 4^{10}$	97,5	0,800		
	6	$4^{40}-\ 4^{50}$	93,2	0,750		
II.	1	$10^{45}-10^{55}$	126,0	2,06		4. 4. 1906
	2	$11^{10}-11^{20}$	131,2	2,20		Vormittag
	3	$11^{30}-11^{36}$	135,0	2,25	16,89	
	4	$11^{45}-11^{51}$	137,8	2,27		
	5	$12^{45}-12^{50}$	127,5	2,13		
III.	1	$9^{00}-\ 9^{12}$	195,2	14,36		5. 4. 1906
	2	$9^{32}-\ 9^{46}$	205,3	15,95		Vormittag
	3	$9^{58}-11^{10}$	209,4	16,68	114,4	
	4	$11^{40}-11^{56}$	224,0	17,45		
	5	$12^{05}-12^{15}$	222,0	17,33		
	6	$1^{57}-\ 2^{02}$	190,0	12,87		Nachmittag

dampf eingezeichnet, die den Punkten t_I, t_{II} und t_{III} benachbart sind. Ferner sind die von t_I, t_{II} und t_{III} ausgehenden p-t-Kurven für überhitzten Wasserdampf nach der Zeunerschen Formel

$$pv = RT - Cp^n$$

ermittelt und gestrichelt eingetragen. Endlich sind durch die bei den Versuchen ermittelte p-t-Punke des reinen Ueberhitzungszustandes (vergl. hierzu die Schlußbemerkung dieses Abschnittes) Gerade gezogen, die sinngemäß bis zum Schnitt mit der p-t-Kurve des Sättigungszustandes verlängert wurden. Diese Geraden verlaufen nahezu parallel zu den gestrichelten Linien. Sie müßten eigentlich mit den gestrichelten p-t-Kurven zusammenfallen; sie zeigen jedoch eine mit der Temperatur zunehmende Drucksteigerung bei der Versuchsflüssigkeit gegen die Spannungen des Wassers. Dieser Unterschied ist wohl darauf zurückzuführen, daß zu Versuchen kein destilliertes Wasser sondern gewöhnliches Leitungswasser verwendet wurde.

Sieht man von dieser Ungenauigkeit ab und berücksichtigt, daß die gemessenen und die berechneten p-t-Kurven praktisch parallel zu einander verlaufen, so ergibt sich aus den Versuchen, daß das Versuchsverfahren und der verwendete Apparat sich für die vorliegenden Zwecke als geeignet erwiesen haben. Man kann somit die p-t-Werte des Sättigungszustandes für eine bestimmte, in dem Dampftopf eingeschlossene Flüssigkeitsmenge genügend genau als Schnittpunkt der Kurvenzweige der p-t-Kurven für gesättigten und »reinüberhitzten« Zustand ermitteln.

Bei der Verwendung der ermittelten p-t-Punkte des Ueberhitzungszustandes ist dabei nach Fig. 7 zu beachten, daß die dem Sättigungsgebiet am nächsten liegenden p-t-Werte weniger genau sind als die weiter im Ueberhitzungsgebiet liegenden, was wohl darauf zurückzuführen ist, daß bei den ersteren Werten infolge der bekannten Erscheinung der Wandkondensation die Ueberhitzung der Flüssigkeit im Dampftopf nicht vollständig erreicht wurde. Nach den Kurven Fig. 7 verschwindet die Wandkondensation und ihr störender Einfluß, wenn der Dampf auf rd. 10 bis 15° C über die Sättigungstemperatur hinaus erhitzt ist.

B) Hauptversuche mit Nitrobenzol.

Nachdem der Dampftopf A sorgfältig gereinigt und ausgetrocknet war, wurde der Apparat für die Untersuchung des oben in Abschnitt II besprochenen Nitrobenzols zusammengebaut.

Die Versuche wurden in der beschriebenen Weise vorgenommen; nur wurde die. in dem Dampftopf A nach dem Auspumpen noch eingeschlossene Luftmenge dadurch auf ein Mindestmaß gebracht, daß in den auf 6 cm Quecksilbersäule ausgepumpten Dampftopf von 140° C eine gewisse Menge Nitrobenzol eingeführt, verdampft und mit der Luftpumpe wieder so weit abgesaugt wurde, bis im Dampftopf eine Spannung von rd. 6 cm Quecksilbersäule erreicht war, wobei die Nitrobenzoldämpfe sich also in hochüberhitztem Zustande befanden. Hierbei wurde die Hauptmenge der noch im Dampftopf befindlichen Luft zusammen mit den Nitrobenzoldämpfen entfernt. Wie ein Vergleich der gefundenen p-t-Kurve für gesättigten Nitrobenzoldampf mit dessen bekannten Siedepunktswerten ergibt, wurde auf diese Weise der Luftteildruck im Dampftopf auf 0,02 kg/qcm bei 140° C erniedrigt.

Die Menge des im Dampftopf als überhitzter Dampf von 140° C und 0,06 kg/qcm Druck befindlichen Nitrobenzols berechnet sich nach der Formel S. 13 zu rd. 4 g.

Aus dem Verlauf der bis 1 kg/qcm bekannten $p\,t$-Kurve des gesättigten Nitrobenzoldampfes (vergl. hierzu das Tabellenwerk von Landolt-Börnstein) ist angenähert das Wertepaar $p = 2$ kg/qcm, $t = 240^0$ C zu ermitteln und mit diesem Wertepaar aus vorstehender Formel das zugehörige spezifische Volumen des gesättigten Nitrobenzoldampfes zu berechnen: $v = 0{,}166$ dcm g. Das Molekulargewicht des Nitrobenzols ist $\mu = 122{,}7$; dem Werte von $v = 0{,}166$ entspricht eine Nitrobenzolmenge von $\dfrac{14{,}20}{0{,}166} = 85{,}6$ g, die in den Dampftopf A einzuführen ist, damit bei $t = 240^0$ C trockengesättigter Dampf in A erhalten wird. Infolge eines Rechenfehlers wurde diese Nitrobenzolmenge seiner Zeit zu rd. 200 g ermittelt.

Nachdem die zu erwartenden Flüssigkeitsmengen überschläglich festgelegt waren — allerdings infolge des Rechenfehlers fälschlich — wurden die Versuche durchgeführt. Das Ergebnis der Versuche ist in Zahlentafel B und Fig. 8 zusammengestellt.

Wie man aus der Figur sieht, war das Ueberhitzungsgebiet am Ende des Versuches I noch nicht erreicht, was ja auch nach Vorstehendem eintreten mußte. Nach Beendigung des Versuches I und teilweiser Abkühlung des Apparates wurde ein Teil des flüssigen Nitrobenzols aus dem Dampftopf A in das Standrohr J unter entsprechender Wasserkühlung herausgeleitet, um das Nitrobenzol auf seine Beständigkeit zu prüfen. Es ergab sich, daß die Flüssigkeit noch die gleiche hellgelbe Farbe besaß, wie nicht erhitztes Nitrobenzol, woraus zu schließen war, daß keine Zersetzung oder dergleichen stattgefunden hatte. Bei

Zahlentafel B.
Versuche mit Nitrobenzol.

Nr.		Zeit	Temperatur ^{0}C	Druck kg/qcm	Flüssigkeit im Dampftopf g	Datum des Versuches
I.	1	12^{50}— 1^{10}	152	0,22		25. 4. 1906
	2	1^{17}— 1^{25}	153	0,23		Mittags
	3	3^{20}— 3^{43}	158	0,27		
	4	4^{25}— 4^{42}	178	0,45	202	
	5	5^{25}— 5^{37}	203	0,83		
	6	6^{27}— 6^{33}	225	1,40		Abends
	7	6^{50}— 7^{00}	231	1,58		
	8	10^{40}—10^{50}	235	1,73		
II.	1	5^{27}— 5^{38}	240	1,88		26. 4. 1906
	2	6^{02}— 6^{12}	249	2,23		Morgens
	3	6^{30}— 6^{40}	258	2,61		
	4	7^{02}— 7^{12}	267	3,04		
	5	7^{12}— 7^{52}	277	3,63		
	6	8^{16}— 8^{26}	287	4,30		
	7	9^{30}— 9^{38}	292	4,77		
	8	9^{50}—10^{20}	294	5,15		
	9	10^{40}—10^{50}	304	5,98		
	10	11^{16}—11^{24}	309	6,68	598	
	11	11^{48}—12^{00}	319	7,74		
	12	12^{30}—12^{36}	328	8,96		
	13	12^{40}—12^{50}	328	9,05		
	14	1^{20}— 1^{30}	334	10,19		Mittags
	15	1^{35}— 1^{45}	333	10,25		
	16	2^{10}— 2^{20}	332	10,60		
	17	2^{55}— 3^{00}	306	8,46		
	18	3^{20}— 3^{25}	289	7,25		
	19	3^{30}— 3^{35}	294	7,37		

Versuch II wurde die Nitrobenzolmenge im Dampftopf auf 598 g vermehrt und die *p-t*-Kurve bis rd. 330⁰ C verfolgt, ohne daß das Ueberhitzungsgebiet erreicht wurde. (Der überschläglichen Berechnung war hier die Annahme zu grunde gelegt, daß das Nitrobenzol bei 350⁰ C rd. 20 kg/qcm Spannung habe.)

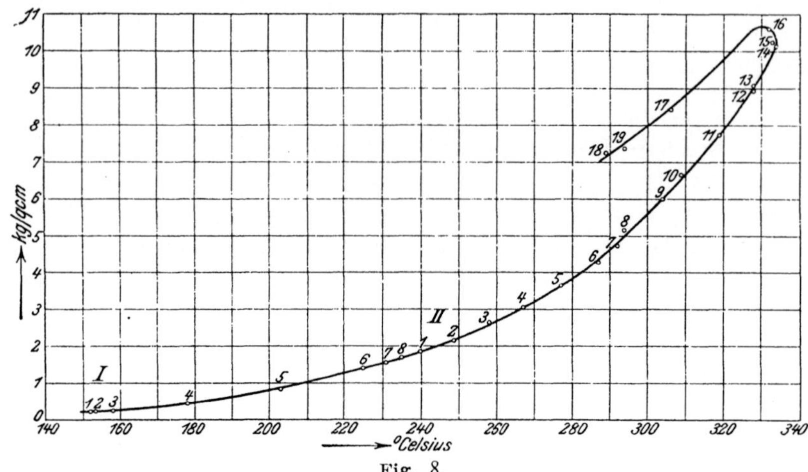

Fig. 8.

Bei 334⁰ C machte sich die eigentümliche Erscheinung bemerkbar, daß das Manometer bei unverändert gehaltener Badtemperatur langsam weiter stieg und auch bei Erniedrigung der Badtemperatur eine anhaltende Druckerhöhung im Dampftopf anzeigte. Erst bei kräftigerer Abkühlung ging auch die Spannung langsam zurück. Der in Fig. 8 wiedergegebene Drucktemperaturverlauf zeigt, daß die *p-t*-Kurve des Nitrobenzols v o r Erreichung der Temperatur von 334⁰ C wesentlich tiefer liegt als die n a c h Erreichung dieser Temperatur gefundene Kurve. Aus diesem Verhalten des Nitrobenzols war zu schließen, daß bei 334⁰ C und 10 kg/qcm Druck eine Zersetzung der Versuchsflüssigkeit eingetreten war. Beim Herauslassen des Nitrobenzols aus dem Dampftopf ergab sich die Bestätigung dieser Annahme. Das Nitrobenzol hatte sich in einen dunkelbraunen, dickflüssigen Stoff verwandelt.

Da die gefundene *p-t*-Kurve vor Erreichung der Temperatur von 334⁰ C ein ganz gleichmäßiges Verhalten zeigt, so ist anzunehmen, daß das Nitrobenzol bis zu dieser Temperatur beständig war.

Die Versuche wurden abgebrochen, da das Nitrobenzol sich infolge seiner Unbeständigkeit als ungeeignet für die Verwendung in einer Mehrstoffmaschine erwies.

C) Hauptversuche mit einem Petroleumdestillat, das bei 180 bis 200⁰ C aus käuflichem, amerikanischem Petroleum abdestilliert wurde.

Ueber den Verlauf der Versuche ist nichts Besonderes zu bemerken; er erfolgte genau in der oben S. 12 ff. beschriebenen Weise.

Die überschlägliche Berechnung der in den Dampftopf einzuführenden Flüssigkeitsmengen nach der oben genannten Formel erfolgte so, daß zunächst angenommen wurde, das Destillat habe bei 190⁰ C eine Spannung von 1 kg/qcm (entsprechend der mittleren Destillationstemperatur des Stoffes). Das Molekulargewicht μ wurde gleich dem Mittelwert der Molekulargewichte von Undekan und Dodekan gesetzt:

$$\mu = 163.$$

Hiermit ermittelt sich das spezifische Volumen des trockengesättigten Destillatdampfes von 190° C und 1 kg/qcm Druck zu

$$v = \frac{0{,}0795 \cdot 463}{1 \cdot 163} = 0{,}226 \text{ dcm/g,}$$

und die entsprechende Flüssigkeitsmenge, die in den Dampftopf einzuführen ist, zu

$$G = \frac{14{,}16}{0{,}226} = 62{,}8 \text{ g.}$$

Dieser Wert wurde für die Versuchsreihe I auf rd. 80 g erhöht, damit der zu erwartende Sättigungsdruck über die Atmosphärenspannung fiel, da bei der Versuchsanordnung die Spannungsmessung im Gebiet des Atmosphärendruckes durch den Uebergang der Ablesungen vom Quecksilbervakuummeter zu dem Röhrenfedermanometer einige Unsicherheit aufweisen konnte.

Die Vermehrung der Destillatmenge im Dampftopf von Versuchsreihe zu Versuchsreihe erfolgte dann unter Berücksichtigung der vorher gefundenen p-t-Werte mit zunehmender Steigerung, bis bei der letzten Versuchsreihe sich insgesamt rd. 850 g in dem Dampftopf befanden.

Die gefundenen Versuchswerte sind in Zahlentafel C und Fig. 9 zusammengestellt.

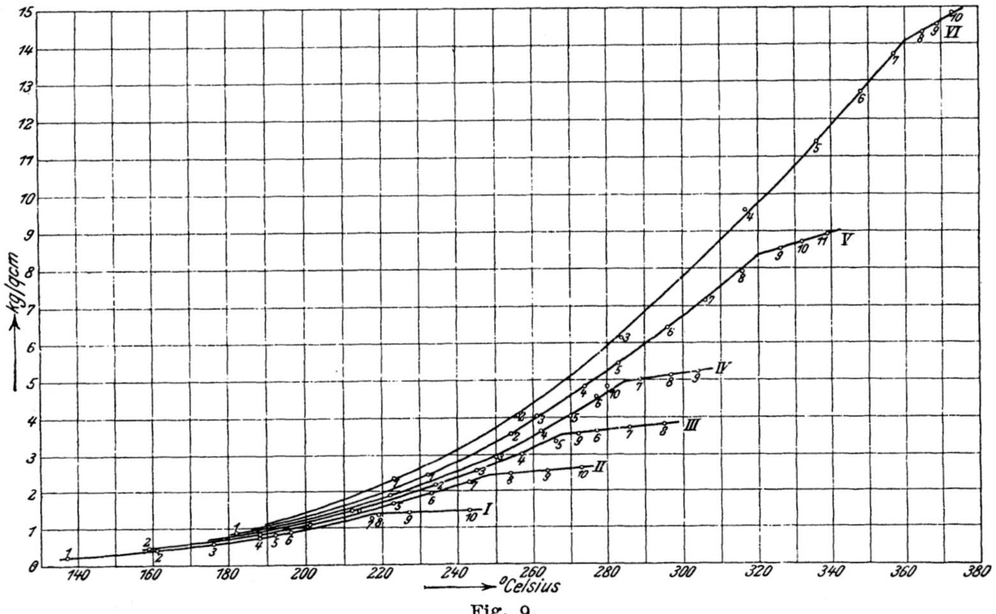

Fig. 9.

Auffallend erscheint an den Kurven der Fig. 9 zunächst, daß die p-t-Kurvenzweige des gesättigten Dampfes für die einzelnen Versuchsreihen mit veränderter Flüssigkeitsmenge im Dampftopf nicht in eine Kurve zusammenfallen, sondern übereinanderliegen. Die Naßdampfspannungen steigen also bei gleichbleibender Temperatur mit zunehmender Flüssigkeitsmenge des Dampftopfes. Im übrigen verlaufen die Kurven ganz gesetzmäßig. Auch sind die Punkte des trockenen Sättigungszustandes für die einzelnen Versuchsreihen gut zu ermitteln.

Eine Erklärung für das Nichtzusammenfallen der verschiedenen Naßdampfspannungskurven, sowie die thermodynamische Auswertung der Versuchsergebnisse ist in dem folgenden Abschnitt gegeben.

Zahlentafel C.

Versuche mit einem Petroleumdestillat, das zwischen 180° und 200° C aus käuflichem amerikanischem Petroleum abdestilliert wurde.

Nr.		Zeit	Temperatur ^{0}C	Druck kg/qcm	Flüssigkeit im Dampftopf g	Datum des Versuches
I.	1	2^{55}— 3^{30}	137	0,22		7. 5. 1906
	2	4^{10}— 4^{22}	161	0,42		Mittags
	3	4^{52}— 5^{02}	176	0,59		
	4	5^{30}— 5^{47}	188	0,74		
	5	6^{10}— 6^{25}	192	0,81		Abends
	6	7^{07}— 7^{17}	196	0,91	79,8	
	7	7^{47}— 8^{03}	217	1,28		
	8	8^{37}— 8^{51}	219	1,35		
	9	9^{02}— 9^{15}	229	1,42		
	10	9^{40}— 9^{50}	243	1,47		
II.	1	1^{06}— 1^{16}	188	0,85		7. 5. 06 Nachts
	2	5^{10}— 5^{21}	159	0,46		
	3	6^{10}— 6^{40}	201	1,29		8. 5. 1906
	4	7^{00}— 7^{11}	214	1,45		Morgens
	5	7^{40}— 8^{05}	223	1,69		
	6	8^{50}— 9^{00}	233	1,93	140.6	
	7	9^{35}—10^{00}	243	2,25		
	8	10^{27}—10^{13}	253	2,48		
	9	11^{05}—11^{15}	263	2,57		
	10	11^{35}—11^{47}	272	2,63		
III.	1	4^{50}— 5^{00}	212	1,47		8. 5. 1906
	2	5^{35}— 5^{50}	234	2,19		Nachmittags
	3	6^{17}— 6^{25}	245	2,55		Abends
	4	6^{53}— 7^{15}	256	3,02		
	5	7^{37}— 7^{55}	265	3,36	199,2	
	6	8^{22}— 8^{31}	276	3,65		
	7	9^{00}— 9^{12}	285	3,72		
	8	9^{26}— 9^{33}	294	3,81		
	9	10^{52}—11^{02}	271	3,59		
IV.	1	8^{40}— 8^{50}	182	0,90		9. 5. 1906
	2	10^{18}—10^{30}	222	1,88		Morgens
	3	11^{10}—11^{28}	250	2,95		
	4	11^{56}—12^{10}	261	3,64		
	5	1^{18}— 1^{28}	269	4,04		
	6	2^{30}— 3^{05}	276	4,57	279,5	Mittags
	7	3^{39}— 3^{48}	288	5,01		
	8	4^{14}— 4^{22}	296	5,13		
	9	4^{45}— 4^{51}	303	5,23		
	10	5^{40}— 5^{56}	279	4,85		
V.	1	10^{37}—10^{47}	232	2,45		9. 5. 1906
	2	11^{28}—11^{59}	253	3,51		Abends
	3	8^{00}— 8^{24}	260	4,03		10. 5. 1906
	4	8^{58}— 9^{08}	273	4,84		Morgens
	5	9^{15}— 9^{55}	282	5,48		
	6	10^{22}—10^{38}	295	6,42	483,0	
	7	11^{06}—11^{18}	305	7,15		
	8	11^{50}—12^{07}	315	7,93		
	9	12^{32}—12^{43}	325	8,53		
	10	1^{02}— 1^{07}	331	8,72		Mittags
	11	1^{27}— 1^{39}	338	8,92		
VI.	1	6^{50}— 7^{06}	223	2,37		10 5. 1906
	2	7^{55}— 8^{18}	255	4,06		Abends
	3	9^{05}— 9^{19}	283	6,13		
	4	10^{14}—10^{24}	316	9,59		
	5	11^{01}—11^{17}	335	11,40		
	6	11^{37}—11^{49}	348	12,72	842,0	
	7	12^{16}—12^{25}	356	13,76		
	8	12^{50}—12^{55}	365	14,37		
	9	1^{04}— 1^{09}	369	14,52		Nachts
	10	1^{25}— 1^{36}	373	14,88		

V. Thermodynamische Auswertung der Versuche mit dem Petroleumdestillat.

Zunächst sei die in Fig. 9 dargestellte Beobachtung erklärt, daß die Temperatur-Spannungskurven des gesättigten Destillatdampfes für die 6 Versuchsreihen I bis VI nicht in eine Kurve zusammenfallen, wie es bei einem homogenen Dampf der Fall ist. Zu diesem Zwecke wollen wir die Verdampfung eines Gemisches von Flüssigkeiten mit verschiedenen Siedepunkten verfolgen. Zur eindeutigeren Behandlung sei angenommen, daß die verschiedenen Flüssigkeiten, z. B. fünf, gemäß Fig. 10, in einem allseitig geschlossenen Gefäß übereinandergeschichtet und durch Scheibenkolben, die reibungslos an den Gefäßwandungen dicht schließen, voneinander getrennt seien. Die Flüssigkeiten seien mit den Zahlen 1 bis 5 versehen und durch enge Strichelung der Flächen bezeichnet. Die Flüssigkeit 1 sei die am leichtesten siedende, 2 die schwerer siedende usw., während 5 die am schwersten siedende sein möge. Der Gefäßraum über 1 sei ausgepumt und entsprechend einer niedrigen Gefäßtemperatur mit Dämpfen von 1 nur wenig angefüllt.

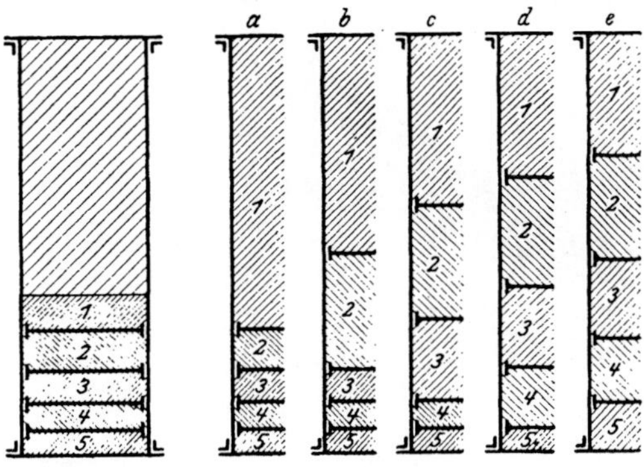

Fig. 10.　　　　Fig 11.

Nun werde das Gefäß langsam gleichmäßig erwärmt. Dabei wird zunächst die Flüssigkeit 1, als die am leichtesten verdampfende, sich in Dampf verwandeln, während alle übrigen Stoffe noch in flüssigem Zustand verbleiben. Nach vollkommener Verdampfung von 1 erhalten wir trockengesättigten und schließlich überhitzten Dampf des Stoffes 1. Dieser Zustand ist in Fig. 11 a dargestellt. Der Dampf 1 ist durch weite Schraffur, die Flüssigkeiten 2 bis 5 noch durch die frühere enge Schraffur angedeutet.

Bei weiterer Erwärmung des Gefäßes wird ein Zustand eintreten, in dem die Flüssigkeit 2 zu verdampfen beginnt, wobei der Trennungskolben zwischen 1 und 2 nach oben verschoben wird. In Fig. 11 b ist der Zustand dargestellt, in dem die Stoffe 1 und 2 verdampft und überhitzt sind, während die Flüssigkeit 3 zu verdampfen anfängt. Entsprechend stellen die Fig. 11 c bis e die weitere Verdampfung und Ueberhitzung der sämtlichen Stoffe 1 bis 5 dar.

In Fig. 12 sind die Temperatur-Druckkurven von drei solchen Zustandsänderungen schematisch wiedergegeben. Die Kurven 1 bis 5 mögen die Naßdampfdruckkurven der einzelnen Stoffe darstellen. Die Verdampfung der Flüssigkeit 1 gemäß Fig. 10 und 11 a erfolge in Fig. 12 längs dem Kurvenstück xa. In Punkt a sei die Flüssigkeit 1 vollständig in trockengesättigten Dampf verwandelt. Bei weiterer Gefäßerwärmung erfolgt die Zustandsänderung längs der Kurve aa' in das Ueberhitzungsgebiet von Stoff 1 hinein. Sobald Punkt

a' auf Kurve 2 erreicht ist, erfolgt die Verdampfung längs dieser Kurve von a' bis b. In b sei Stoff 2 vollständig verdampft, und nun wird dieser Stoff längs dem Kurvenstück bb' überhitzt. In gleicher Weise erfolgt die Verdampfung aller fünf Flüssigkeiten längs der gebrochenen Kurve $x-aa'-bb'-cc'-dd'-ee'$, wobei somit die den Kurvenstrecken aa', bb' usw. entsprechenden Zustände der fünf Stoffe durch die Fig. 11a bis e dargestellt sind. Verringert man die Mengen der Flüssigkeiten 1 bis 5 in ungefähr demselben gegenseitigen Verhältnis, etwa sämtlich um die Hälfte und sucht für diese Verhältnisse die ent-

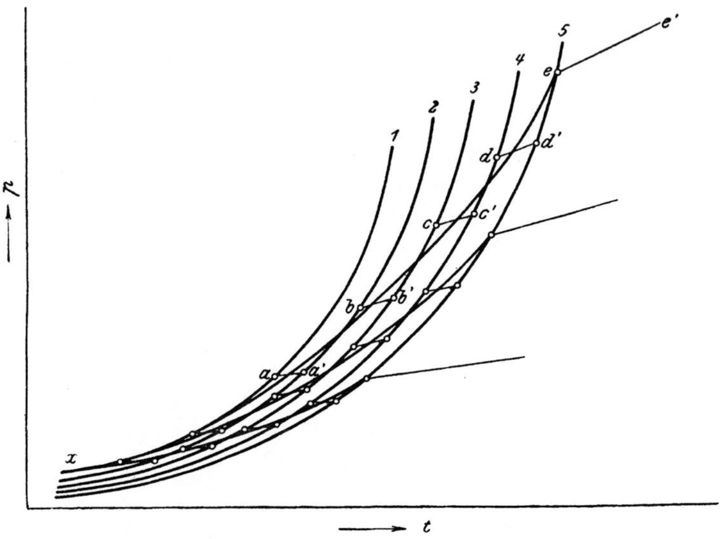

Fig. 12.

sprechende Temperatur-Druckkurve, so wird diese etwa in den mittleren gebrochenen Kurvenzug der Fig. 12 fallen, während einer abermaligen Mengenverminderung der am tiefsten gelegene Kurvenzug entsprechen würde. Wären in dem Gefäß, Fig. 10, die Trennungskolben weggelassen und die Flüssigkeiten miteinander vermengt worden, dann würden die p-t-Kurven dieses Gemisches keinen grundsätzlich verschiedenen Verlauf von den vorstehenden Kurven genommen haben: die Uebergänge der einzelnen Kurvenzweige wären etwas sanfter ausgefallen, und die Spannungen der einzelnen Flüssigkeiten wären durch die Anwesenheit der übrigen Stoffe etwas beeinflußt worden.

Zieht man nun durch die drei gebrochenen Kurven je eine mittlere Kurve xe, so erhält man drei Kurven, die ihrem ganzen Charakter nach den sechs in Fig. 9 wiedergegebenen Temperaturdruckkurven I bis VI entsprechen. Insbesondere fallen die Sättigungskurven xe des Flüssigkeitsgemisches nach Fig. 12 gleichfalls nicht in eine Kurve zusammen, sondern liegen bei größerer Gefäßfüllung immer höher. Auch der Verlauf der einzelnen Kurven xe, der von der normalen Temperatur-Druckkurve eines nassen Dampfes grundsätzlich abweicht, entspricht dem Verlauf der Sättigungskurven I bis VI der Fig. 9: Sämtliche Kurven haben nicht die Neigung, immer steiler anzusteigen, sondern nehmen in ihren oberen Gebieten wieder einen gestreckteren Verlauf an.

Aus Fig. 12 ergibt sich ein wichtiges Kennzeichen für den Verlauf der Kurven I bis VI der Fig. 9: Die Knickpunkte der Kurven xee' bezw. der Kurven I bis VI müssen auf der Naßdampfspannungskurve der am schwersten siedenden Flüssigkeit des Gemisches liegen. Es muß also durch die Knickpunkte der Kurven I bis VI eine Kurve zu legen sein, die der Kurve 5 der Fig. 12 entspricht. Ferner ist die Naßdampfspannungskurve der am leichtesten siedenden Flüssigkeit in ihrem unteren Teil die Einhüllende aller Naßdampfkurven der Flüssigkeitsmischungen. (Hierbei ist jedoch zu beachten, daß die Naßdampfspannungskurven der am schwersten bezw. leichtesten siedenden Flüssigkeiten durch die Gegenwart der anderen Stoffe beeinflußt sind.)

Aus Fig. 9 ist zunächst ohne weiteres zu ersehen, daß die Kurven I bis VI dem letzteren Ergebnis entsprechen.

Zur näheren Prüfung des ersteren Ergebnisses wurden die sechs Wertepaare von Temperatur und Druck für die Knickpunkte der Kurven I bis VI in einem besonderen p-t-Diagramm in Fig. 13 zusammengestellt, und zwar die Drücke in kg/qm. Wie man sieht, genügen die so gefundenen sechs Punkte der obigen Forderung gut. In demselben Diagramm sind die spezifischen Volumina v'' der trockenen Dämpfe im cbm/kg für die sechs Versuche I bis VI in Abhängigkeit von den zugehörigen Temperaturen der trockenen Sättigung eingetragen. Sie berechnen sich nach den Angaben in Abschnitt IV aus den Flüssigkeitsmengeu des Dampftopfes und dessen Inhalt. Man erkennt, daß auch die sechs Punkte der spezifischen Volumina eine gleichmäßig verlaufende Kurve ergeben.

In der Zahlentafel D sind die zusammengehörigen Werte t, P, v'' der Versuche I bis VI zahlenmäßig wiedergegeben.

Zahlentafel D.

Werte der Temperaturen, Drücke und spezifischen Volumen des trocken gesättigten Petroleumdestillat-Dampfes, wie sie sich aus den Versuchsreihen I bis VI ergeben.

Versuchs-Nr.	Temperatur t °C	Druck P kg/qm	spezifisches Volumen v'' cbm/kg
I	218,0	14 000	0,1770
II	248,5	24 000	0,1015
III	267,5	35 500	0,0716
IV	285,0	49 500	0,0510
V	320,5	83 500	0,0298
VI	360,0	141 500	0,0170

Ehe wir die Versuchsergebnisse weiter thermisch auswerten, müssen wir uns klarmachen, daß zur Verdampfung der gesamten Menge des Flüssigkeitsgemisches nach Fig. 12, Kurve xee' genau die gleiche Wärmemenge nötig ist, wie zur Verdampfung einer gleich großen Menge einer in sich homogenen Flüssigkeit, die in den gleichen Raum eingeschlossen ist, aber die Temperatur-Druckkurve 5 der schwerstsiedenden Flüssigkeit als Naßdampfdruckkurve hat und endlich gleichfalls im Punkte e gerade in trockengesättigten Dampf verwandelt ist.

Zum Beweis dieses Satzes ist festzustellen, daß der Zustand »e«, Fig. 12, des Dampfgemisches außer auf die oben beschriebene Art längs der Kurve xe auch noch auf eine zweite Art längs der Kurve 5 erreicht werden kann, und zwar in der Weise, daß zunächst die fünf Flüssigkeitsmengen in dem Gefäß, Fig. 10, nach Wegnahme der Trennungskolben gleichmäßig durcheinandergemischt und darauf in beliebig kleine Mengen, etwa wieder durch Trennungskolben unterteilt werden. Diese Trennungskolben mögen von außen in ihren jeweiligen Lagen festgehalten werden können. Beispielsweise sollen die 4 Trennungskolben der Fig. 10 und dazwischen noch eine große Zahl gleicher Kolben dazu dienen. In den so entstandenen vielen kleinen Räumen 1 bis 5 usw. befinden sich also diesmal untereinander gleiche Mischungen der oben genannten 5 verschiedenen Flüssigkeiten. Zunächst sollen sämtliche Trennungskolben in ihren Anfangsstellungen von außen her festgehalten und das Gefäß langsam erwärmt werden. Dabei verdampft·das kleine Flüssigkeitsgemisch über dem obersten Kolben allmählich vollständig, und zwar längs einer p-t-Kurve vom Charakter der x-ε-Kurve in Fig. 12, die jedoch wesentlich tiefer als die dort eingezeichnete Kurve liegt. Sobald die p-t-Kurve die Kurve der schwerstsiedenden Flüssigkeit erreicht hat und somit über dem obersten Kolben nur trocken gesättigtes Dampfgemisch sich befindet, wird der oberste Kolben von außen her losgelassen und das Gefäß weiter erwärmt. Der losgelassene Kolben bewegt sich nach oben, die Spannungskurve erhebt sich etwas über die Kurve 5, kehrt jedoch bald wieder in ihren Verlauf zurück. Nunmehr wird der zweite Kolben losgelassen und die Erwärmung fortgesetzt usw. Bei genügend großer Unterteilung des Flüssigkeitsgemisches in nach einander zu verdampfende Mengen und ferner bei einer geringen Ueberhitzung der bereits verdampften Mengen kann demnach die Ueberführung des Flüssigkeitsgemisches in den Zustand e, Fig. 12, auf die beschriebene Weise mit **beliebiger Annäherung längs der Naßdampfdruckkurve der schwerstsiedenden Flüssigkeit durchgeführt werden**, wie oben bereits behauptet wurde.

Bei beiden Verdampfungsarten längs der $x\,e$-Kurve und längs der Naßdampfdruckkurve der schwerstsiedenden Flüssigkeit ist die äußere Arbeitsleistung gleich null gewesen, da die Verdampfung bei unveränderlichem Gefäßvolumen erfolgte.

Nun besteht ein Satz der Thermodynamik, der besagt, daß zur Erreichung desselben Wärmezustandes eines Körpers auf den verschiedensten Wegen stets dieselben Wärmemengen, vermehrt um das Aequivalent der nach außen zu leistenden Arbeiten dem Körper zuzuführen sind. Da die äußeren Arbeiten im vorliegenden Falle beide Male gleich null sind, so sind die von außen zuzuführenden Verdampfungswärmemengen für die obigen beiden Verdampfungsarten gleich.

Damit ist aber unsere frühere Behauptung bewiesen, nach der wir also zur Berechnung der Verdampfungswärme des Petroleumdestillates genau so vorgehen können, als hätten wir es mit einer homogenen Flüssigkeit zu tun, deren Trockendampf-Druck-Temperatur- und Temperatur-Volumkurven gleich den in Fig. 12 zusammengestellten P- und v''-Kurven sind.

Hierbei ist jedoch zu berücksichtigen, daß dieser Satz nur für die vollständig verdampfte Flüssigkeit genau gilt, während er für das nur zum Teil verdampfte, zum Teil noch flüssige Stoffgemenge nicht, bezw. nur angenähert gilt. Für einen homogenen Stoff ist die Verdampfungswärme für nassen Dampf stets durch den Wert $x\,r$ anzugeben, wobei r die gesamte Verdampfungswärme z. B. der Gewichtseinheit und x das Verhältnis der bereits verdampften zur gesamten Stoffmenge darstellt. Diese Rechnungsart ist für ein Flüssigkeitsgemisch unzulässig und nur angenähert zulässig. Zur genauen Berechnung der teilweisen Verdampfungswärmen muß man vielmehr die Dampfkurven 1 bis 5 usw. der Fig. 12, die entsprechenden Kurven der spezifischen Dampfvolumina und die gebrochenen Verdampfungskurven $x\,a\,a'$, $b\,b'$ ... kennen. Für die Verdampfung im Dampfkessel und ihre rechnerische Verfolgung ist die Kenntnis der teilweisen Verdampfungswärme bei entsprechender Anordnung des Dampferzeugers unnötig (vergl. unten). Sie könnte eventuell für die Beurteilung der Vorgänge in der Dampfmaschine von Bedeutung sein. Wie wir jedoch später sehen werden, spielt sich der Arbeitsvorgang des Destillatdampfes infolge seiner besonderen thermischen Verhältnisse vollständig im Ueberhitzungsgebiet ab, so daß auch für diesen Fall »die teilweisen Verdampfungswärmen« nicht in den Berechnungen auftreten. Für die Vorgänge im Kondensator gelten schließlich wieder die vorstehenden Bemerkungen über den Dampfkessel.

Zur übersichtlichen Zusammenstellung der Wärmedaten des Petroleumdestillates und der zur Verfügung stehenden Messungsgrundlagen teilen wir die nachfolgenden Untersuchungen in drei Teile nach den Zuständen der Flüssigkeit, des gesättigten und des überhitzten Dampfes.

A) Der Zustand der Flüssigkeit.

Wir benötigen die spezifische Flüssigkeitswärme c und das spezifische Flüssigkeitsvolumen v' des Petroleumdestillats, beide möglichst in Abhängigkeit von der Temperatur. Die Versuche zur Ermittlung der Flüssigkeitswärmen hatte ein selbständiger Laborant des Instituts für angewandte Mechanik der Universität Göttingen, Hr. Ingenieur L. Smirnoff aus Moskau, übernommen. Sie wurden seinerzeit nicht zu Ende geführt, da die Temperatur des zu dem Zwecke gebauten Bunsenschen Eiskalorimeters in der wärmeren Jahreszeit nicht Tag und Nacht unter dem Gefrierpunkt gehalten werden konnte. Dadurch wurde aber ein zuverlässiges Arbeiten mit dem Kalorimeter überhaupt vereitelt.

Für die nachstehenden Versuche mußte daher die spezifische Flüssigkeitswärme des Petroleumdestillates als konstant gesetzt werden: $c = 0{,}5$, entsprechend der mittleren spezifischen Wärme des Petroleums zwischen o und 100° C. Unter dieser Annahme wurden die Flüssigkeitswärmen i' und die Flüssigkeitsentropien $\sigma = c \int \frac{d\,T}{T}$ berechnet.

Das spezifische Gewicht des Destillates wurde zwischen o und 100° C im Mittel zu $\gamma' = 0{,}8$ bestimmt. Damit ergibt sich das spezifische Volumen der Flüssigkeit: $v' = 0{,}0013$ cbm/kg. Dieser Wert wurde hinreichend genau als konstant für alle Temperaturen gesetzt.

B) Der Zustand des gesättigten Dampfes.

Nach den vorstehenden Darlegungen sind die Wärmedaten des Destillatdampfes aus den P- und v''-Kurven der Fig. 13 nach bekannten Gesetzen zu ermitteln.

Zu diesem Zwecke wird zunächst die erste Abgeleitete $\frac{d\,P}{d\,t}$ der P-Kurve zeichnerisch ermittelt und danach die P-Kurve und die $\frac{d\,P}{d\,T}$-Kurve gegenseitig mit Hilfe der zweiten und dritten Abgeleiteten ausgeglichen. Auf diese Weise ergibt sich die P-Kurve der Fig. 13. Sie weicht nur unwesentlich von den durch Kreise festgelegten Versuchswerten ab.

In gleicher Weise ist die v''-Kurve durch Vermittlung der Werte der ersten und zweiten Abgeleiteten ausgeglichen worden. Aus den so berichtigten v''-Werten wurden die Werte $v'' - v'$ und die Werte $\gamma'' = \frac{1}{v''}$ berechnet.

Nunmehr wurden mit Hilfe der Clapeyronschen Gleichung die Verdampfungs-wärmen r berechnet: $r = A\,(v'' - v')\,\dfrac{d\,P}{d\,T}\,T$ und die Entropiezunahmen bei der Verdampfung unter konstanter Temperatur $= \dfrac{r}{T}$.

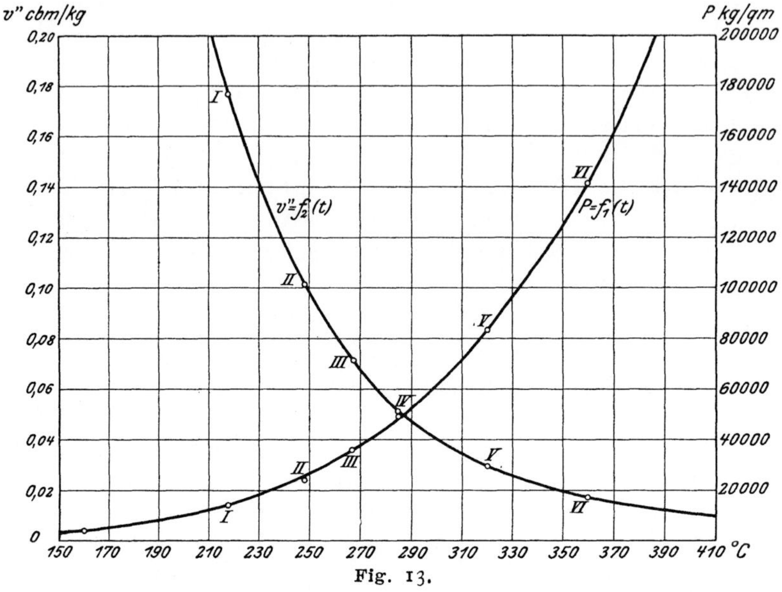

Fig. 13.

Ferner wurden die äußeren Verdampfungswärmen ψ ermittelt:

$$\psi = A\,P\,(v'' - v').$$

Aus r und ψ wurden die inneren Verdampfungswärmen ϱ gefunden:

$$\varrho = r - \psi.$$

Die Werte ψ und ϱ haben übrigens wieder nur angenäherte Geltung für das Destillat, während sie genau für die homogene Hülfsflüssigkeit gelten.

Aus den Flüssigkeitswärmen i' und den Verdampfungswärmen r ergaben sich die Wärmeinhalte des Dampfes i'':

$$i'' = i' + r.$$

Die so gefundenen Wärmedaten für Flüssigkeits- und Dampfzustand sind in der Zahlentafel E nach Temperaturen von 5 zu 5 ° C geordnet, zusammenge-stellt. Das bei den Versuchen durchforschte Gebiet von rd. 200 bis 360 ° wurde durch sinngemäße Weiterführung der gefundenen Beziehungen in die benach-barten Temperaturgebiete — nach unten bis zu 150 °, nach oben bis zu 400 ° C — ausgedehnt. Die Zahlentafel E ist entsprechend den bekannten Zeunerschen Dampftabellen für Wasserdampf angelegt unter Berücksichtigung der in der 21. Auflage der »Hütte« angewendeten Bezeichnungen.

Wie ein gegenseitiger Vergleich der Flüssigkeits- und Verdampfungswärmen sowie ihrer Entropiewerte ergibt, sind die Flüssigkeitswärmen durchweg wesent-lich größer als die Verdampfungswärmen. Ferner nimmt die Summe der En-tropien der Flüssigkeit und Verdampfung mit steigender Temperatur zu.

Durch diese beiden Ergebnisse unterscheidet sich das Petroleumdestillat von den übrigen in der Dampfkrafttechnik verwendeten Dämpfen und Flüssig-keiten. Zur Veranschaulichung dieser Unterschiede sind in Fig. 14 die bekannten

Wärmediagramme von Wasser, Ammoniak, schwefliger Säure und Kohlensäure[1]) neben dem Wärmediagramm des Petroleumdestillates zusammengestellt.

Die kritische Temperatur des Destillates wurde nach einer Näherungsformel Van der Waals zu rd. 450 bis 470° C berechnet.

Gemäß dem früher Gesagten ist das eingezeichnete Wärmediagramm 1 des Petroleumdestillates nicht als analog den übrigen Wärmediagrammen der homogenen Stoffe zu betrachten. Das wäre vielmehr nur der Fall, wenn das Wärmediagramm 1 für die auf S. 25 eingeführte und definierte homogene Hülfsflüssig-

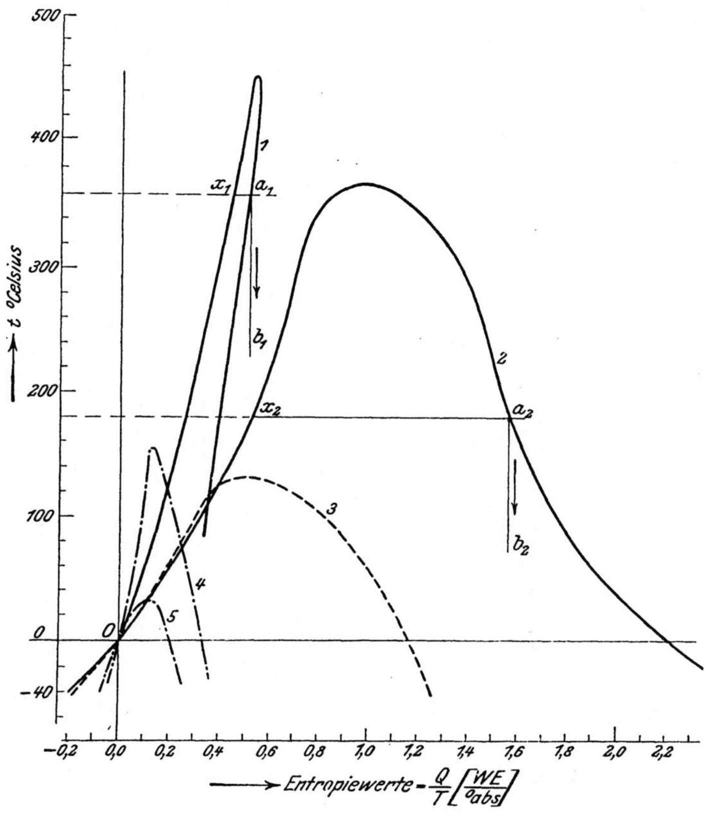

Fig. 14. Wärmediagramm für 1) Petroleumdestillat ($\Sigma C_n H_{2n+2}$), 2) Wasser (H_2O), 3) Ammoniak (NH_3), 4) schweflige Säure (SO_2), 5) Kohlensäure (CO_2).

keit gälte. Beispielsweise entspricht die Gerade $x_1 a_1$ des Diagrammes 1 in Fig. 14 einer Kurve stets gleichen Druckes für die genannte Hülfsflüssigkeit, ebenso wie die Gerade $x_2 a_2$ des Diagrammes 2 für Wasser. Dagegen ist $x_1 a_1$ keine Kurve stets gleichen Druckes für das Petroleumdestillat; vielmehr herrscht dann im Punkte x_1 ein höherer Druck als in a_1. Weiterhin erfolgt die Verdampfung der homogenen Stoffe zwar praktisch längs den Kurven $o x_1 a_1$ bezw. $o x_2 a_2$, dagegen wird sie für das Destillatgemisch der Kurve $o x_1 a_1$ nicht folgen, wie wir am Ende der Arbeit näher sehen werden. Gleichwohl ist das Diagramm 1, Fig. 14 zur thermischen Beurteilung des Petroleumdestillates sehr brauchbar.

---

[1]) Diese Kurvenzusammenstellung ist der Arbeit des Verfassers entnommen: »Ueber die Beurteilung von Dämpfen, die in Heiß-, Abwärme- und Kaltdampfmaschinen die Kreisprozesse vermitteln.« Vergl. Zeitschrift für die gesamte Kälteindustrie 1904/05.

Aus Fig. 14 Diagramm 1 ergeben sich sogleich die beiden oben genannt
kennzeichnenden Eigenschaften des Destillates. Daraus, daß die Gesamtentro
des Destillatdampfes mit steigender Temperatur gleichfalls zunimmt, folgt d
bemerkenswerte Ergebnis, daß trockengesättigter Petroleumdampf bei adiaļ
tischer Expansion sich immer mehr von dem Sättigungszustand weg in d

Zahlen-
Wärmedaten für den gesättigten Dampf des

Temperatur t	absolute Temperatur T	Druck P	$\dfrac{dP}{dT}$	spezifisches Dampfvolumen v''	Raumvergrößerung $v'' - v'$	spezifisches Gewicht $\gamma'' = \dfrac{1}{v''}$
°C	°C	kg/qm		cbm/kg		kg/cbm
150	423	3 500	118	0,547	0,546	1,83
155	428	3 800	124	0,509	0,508	1,97
160	433	4 200	132	0,473	0,472	2,11
165	438	4 600	140	0,438	0,437	2,28
170	443	5 200	148	0,406	0,405	2,46
175	448	5 800	158	0,375	0,374	2,67
180	453	6 500	168	0,346	0,345	2,89
185	458	7 200	179	0 318	0,317	3,15
190	463	8 100	193	0,293	0,292	3,42
195	468	8 900	207	0,269	0,268	3,72
200	473	10 100	221	0,247	0,246	4,05
205	478	11 100	238	0,225	0,224	4,45
210	483	12 300	256	0,206	0,205	4,86
215	488	13 600	276	0,188	0,187	5,32
220	493	15 000	298	0,172	0,171	5,82
225	498	16 600	322	0,157	0,156	6,37
230	503	18 200	348	0,143	0,142	6,99
235	508	20 000	375	0,130	0,129	7,69
240	513	22 000	406	0,119	0,118	8,41
245	518	24 200	438	0,108	0,107	9,28
250	523	26 500	474	0,099	0,098	10,13
255	528	29 100	513	0,090	0,089	11,13
260	533	31 900	556	0,082	0,081	12,24
265	538	34 900	601	0,075	0,074	13,36
270	543	38 100	651	0,068	0,067	14,74
275	548	41 500	697	0,062	0,061	16,15
280	553	45 100	747	0,0568	0,0555	17,60
285	558	48 900	798	0,0521	0,0508	19,20
290	563	52 900	850	0,0479	0,0466	20,90
295	568	57 300	904	0,0440	0,0427	22,8
300	573	62 100	960	0,0407	0,0394	24,6
305	578	67 000	1017	0,0376	0,0363	26,6
310	583	72 200	1077	0,0348	0,0335	28,8
315	588	77 600	1138	0,0323	0,0310	31,0
320	593	83 400	1201	0,0300	0,0287	33,3
325	598	89 500	1266	0,0279	0,0266	35,9
330	603	96 000	1332	0,0260	0,0247	38,5
335	608	102 800	1398	0,0242	0,0229	41,4
340	613	109 900	1470	0,0226	0,0213	44,3
345	618	117 300	1542	0,0211	0,0198	47,4
350	623	125 000	1615	0,0198	0,0185	50,5
355	628	133 200	1689	0,0186	0,0173	53,8
360	633	142 000	1766	0,0174	0,0161	57,5
365	638	151 200	1844	0,0163	0,0150	61,4
370	643	160 900	1923	0,0153	0,0140	65,4
375	648	171 700	2003	0,0143	0,0130	69,9
380	653	183 600	2086	0,0134	0,0121	74,7
385	658	195 700	2170	0,0126	0,0113	78,4
390	663	208 300	2255	0,0118	0,0105	84,9
395	668	222 000	2342	0,0111	0,0098	90,2
400	673	236 800	2430	0,0104	0,0091	96,3

Zustand der Ueberhitzung bewegt. (Vergl. die mit einem Pfeil versehene senk
rechte Gerade $a_1 b_1$ der Fig. 14.) (Diese Erscheinung läßt sich daraus erklären
daß die großen Flüssigkeitswärmen, die bei der adiabatischen Expansion un
der dabei eintretenden Temperaturerniedrigung »überschüssig« werden, nich
nur die bei niedrigen Temperaturen eintretenden Vergrößerungen der Ver

tafel. E.
Petroleumdestillates (nach Temperaturen geordnet).

Wärmeinhalt der Flüssigkeit d. Dampfes		Verdampfungswärme			Flüssigkeitsentropie $\sigma = \int c \cdot \dfrac{d\,T}{T}$	Entropiezunahme bei der Verdampfung $\dfrac{r}{T}$	Temperatur t
i'	i''	gesamte r	innere ϱ	äußere ψ'			^{0}C
75,0	138,6	63,6	59,1	4,48	0,219	0,150	150
77,5	140,8	63,3	58,7	4,55	0,225	0,148	155
80,0	143,0	63,0	58,4	4,64	0,231	0,146	160
82,5	145,2	62,7	57,9	4,76	0,236	0,143	165
85,0	147,3	62,3	57,4	4,93	0,242	0,141	170
87,5	149,4	61,9	56,8	5,09	0,248	0,138	175
90,0	151,5	61,5	56,2	5,25	0,253	0,136	180
92,5	153,7	61,2	55,8	5,41	0,259	0,134	185
95,0	155,9	60,9	55,3	5,56	0,264	0,132	190
97,5	158,1	60,6	54,9	5,68	0,270	0,130	195
100,0	160,2	60,2	54,4	5,77	0,275	0,128	200
102,5	162,3	59,8	53,9	5,85	0,280	0,125	205
105,0	164,4	59,4	53,5	5,91	0,285	0,123	210
107,5	166,5	59,0	53,0	5,96	0,290	0,121	215
110,0	168,7	58,7	52,7	6,00	0,295	0,119	220
112,5	170,9	58,4	52,4	6,03	0,301	0,117	225
115,0	173,1	58,1	52,0	6,05	0,306	0,115	230
117,5	175,3	57,8	51,7	6,07	0,311	0,114	235
120,0	177,5	57,5	51,4	6,08	0,315	0,112	240
122,5	179,7	57,2	51,1	6,08	0,320	0,110	245
125,0	181,8	56,8	50,7	6,07	0,325	0,109	250
127,5	183,9	56,4	50,3	6,06	0,330	0,107	255
130,0	185,9	55,9	49,9	6,04	0,335	0,105	260
132,5	187,8	55,3	49,3	6,01	0,339	0,103	265
135,0	189,7	54,7	48,7	5,96	0,344	0,101	270
137,5	191,6	54,1	48,2	5,91	0,348	0,099	275
140,0	193,4	53,4	47,5	5,86	0,353	0,097	280
142,5	195,3	52,8	47,0	5,82	0,357	0,095	285
145,0	197,1	52,1	46,3	5,78	0,362	0,093	290
147,5	198,9	51,4	45,6	5,75	0,366	0,0906	295
150,0	200,7	50,7	45,0	5,72	0,371	0,0887	300
152,5	202,5	50,0	44,3	5,69	0,375	0,0866	305
155,0	204,3	49,3	43,6	5,66	0,379	0,0847	310
157,5	206,1	48,6	43,0	5,63	0,384	0,0828	315
160,0	207,9	47,9	42,3	5,60	0,388	0,0808	320
162,5	209,7	47,2	41,6	5,57	0,392	0,0791	325
165,0	211,5	46,5	41,0	5,54	0,396	0,0772	330
167,5	213,3	45,8	40,3	5,51	0,400	0,0754	335
170,0	215,0	45,0	39,5	5,48	0,404	0,0735	340
172,5	216,8	44,3	38,8	5,45	0,409	0,0717	345
175,0	218,5	43,5	38,1	5,41	0,413	0,0698	350
177,5	220,3	42,8	37,4	5,38	0,417	0,0682	355
180,0	222,0	42,0	36,7	5,34	0,421	0,0664	360
182,5	223,7	41,2	35,9	5,31	0,424	0,0647	365
185,0	225,4	40,4	35,1	5,27	0,428	0,0628	370
187,5	227,0	39,5	34,3	5,24	0,432	0,0610	375
190,0	228,6	38,6	33,4	5,20	0,436	0,0592	380
192,5	230,2	37,7	32,5	5,16	0,440	0,0578	385
195,0	231,8	36,8	31,7	5,12	0,444	0,0555	390
197,5	233,4	35,9	30,8	5,08	0,447	0,0537	395
200,0	234,9	34,9	29,9	5,04	0,451	0,0519	400

dampfungswärmen decken, sondern auch darüber hinaus noch eine Ueberhitzung des Dampfes bewirken.)

Durch Vorstehendes wird das oben bereits vorweggenommene Ergebnis bestätigt, daß die Kenntnis der genannten teilweisen Verdampfungswärmen zur Beurteilung der Vorgänge in den Destillatdampfmaschinen nicht nötig ist, weil eben in diesen Prozessen keine nassen Dämpfe auftreten, sondern sich alle Vorgänge im Ueberhitzungsgebiet abspielen.

C) Der Zustand des überhitzten Dampfes.

Die spezifische Wärme c_p des überhitzten Destillatdampfes bei stets gleichem Druck ist nicht bekannt. Ob entsprechende Werte für die schweren Homologen der Kohlenstoff-Wasserstoffreihe bestehen, vermag der Verfasser zurzeit nicht zu ermitteln.

Für das Aethylen (C_2H_4), also ein leichtes Homolog der C_nH_{2n+2}-Reihe, gilt: $c_p = 0{,}404$.

Einstweilen mag für die vorliegenden Zwecke angenähert gesetzt werden:

$$c_p = 0{,}5.$$

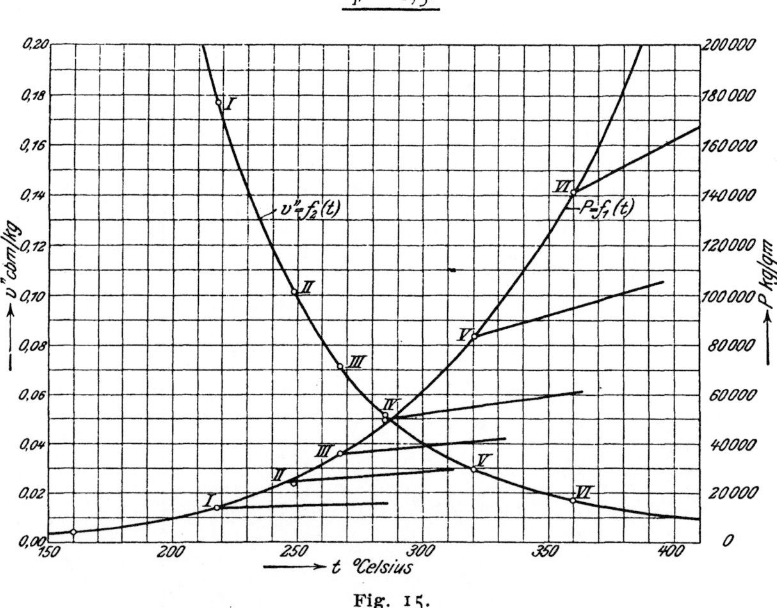

Fig. 15.

Die bei den Versuchsreihen I bis VI ermittelten Kurven der Ueberhitzung bei konstantem Volumen (vergl. Fig. 9) sind in das Koordinatensystem der Fig. 15 eingezeichnet; sie sind als Gerade anzusehen, deren Neigungswinkel zur Temperaturachse mit zunehmender Sättigungstemperatur, d. h. mit abnehmenden spezifischen Volumen größer werden.

Mit hinreichender Annäherung kann gesetzt werden: Tangente des Neigungswinkels $\times$ spez. Volumen $=$ konst bezw. $\dfrac{d\,P_{\text{überhitzt}}}{d\,T_{\text{überhitzt}}} = \dfrac{8{,}2}{v''}$. Mit etwas größerer Annäherung kann gesetzt werden: $\dfrac{d\,P_{\text{überhitzt}}}{d\,T_{\text{überhitzt}}} = 0{,}00355\ P_{\text{gesättigt}}$.

VI. Bemerkungen zur praktischen Ausführung einer mit Petroleumdestillat arbeitenden Dampfkraftanlage.

A) Anordnung des Dampfkessels.

Zur dauernden Erzeugung eines gleichmäßig beschaffenen Destillatdampfes von den vorbeschriebenen Eigenschaften ist die Dampferzeugung in der Weise durchzuführen, daß der Kessel etwa bis zu seinem niedrigsten Flüssigkeitstande mit einer Flüssigkeit gefüllt wird, deren Verdampfungskurve ein Stück unter der Verdampfungskurve der am schwersten siedenden Flüssigkeit des Destillates liegt. Zu diesem Zwecke kann beispielsweise ein Petroleumdestillat verwendet werden, das bei rd. 230 bis 250° C abdestilliert wurde.

Ein solcher Dampfkessel wird bei geschlossenen Dampfventilen dauernd auf einer Temperatur von etwa 350° C gehalten, wobei ein entsprechend niedriger Druck von rd. 6 at im Kessel herrschen möge. Das bei 180 bis 200° C gewonnene Destillat, das als vermittelnder Körper dienen soll, wird in einem besonderen Flüssigkeitsbehälter soweit als Flüssigkeit vorgewärmt, daß es eine Dampfspannung von 12,5 kg/qcm abs. hat. Der Flüssigkeitsbehälter möge höher stehen als die Flüssigkeit des Hauptdampfkessels. Sobald die Verbindungsleitung zwischen Behälter und Dampfkessel — die übrigens je an den Böden der beiden Gefäße anschließen möge — geöffnet wird, dann strömt flüssiges Destillat aus dem Behälter in die heiße Badflüssigkeit und verdampft dort sofort zu Dampf von 350° C und 12,5 kg/qcm absolutem Druck. Ist dieser Druck erreicht, dann möge die Verbindungsleitung zwischen Behälter und Kessel selbsttätig geschlossen und erst wieder, gleichfalls selbsttätig, geöffnet werden, wenn im Dampfkessel der Dampfdruck infolge Dampfentnahme sinkt[1]).

Durch diese Art der Dampferzeugung wird erreicht, daß der Arbeitsdampf dauernd die gleiche gewünschte Zusammensetzung hat, mithin genau die thermischen Eigenschaften besitzt, die man von dem gewählten Petroleumdestillat erwarten mußte. Somit ist — wie oben bereits vorweggenommen wurde — eine Dampfkraftanlage, die mit Petroleumdestillat als vermittelndem Körper in der beschriebenen Weise arbeitet, thermodynamisch eindeutig bestimmt.

B) Die Dampfmaschine.

Praktisch dürfte für die hohen Temperaturen nur die Dampfturbine in Betracht kommen. Ihre Berechnung ist nach Früherem genau durchzuführen, sobald der Wert c_p für den überhitzten Dampf genügend bekannt ist.

Im allgemeinen ist zu sagen, daß die Destillatdampfturbinen um rd. 30 vH niedrigere Radumfangsgeschwindigkeiten erhalten werden als die Wasserdampfturbinen, da die in Arbeit umsetzbaren Wärmemengen des Destillates auf die Gewichtseinheit wesentlich kleiner als die des Wassers sind.

Beispielsweise möge 1 kg trockengesättigten Destillatdampfes von 350° C auf 180° C adiabatisch expandieren. Der Wärmeinhalt des Dampfes ist nach Zahlentafel E bei 360° C rd. 220 WE. Nach der Expansion auf 180° C wird der Wärmeinhalt des gemäß Fig. 14 überhitzten Dampfes größer als der des trockengesättigten Dampfes sein. Da letzterer nach Zahlentafel E 152 WE beträgt, wird ersterer mindestens 160 WE betragen. Somit ist die für 1 kg des Destillatdampfes adiabatisch in Arbeit umzusetzende Wärmemenge rd. 220 — 160 = 60 WE.

---

[1]) Für die vorgeschriebene Dampferzeugung ist gesetzlicher Schutz nachgesucht.

Aus dem Mollierschen *J-S*-Diagramm ergibt sich die entsprechende Wärmemenge für 1 kg Wasserdampf, das zwischen 190 und 45° C adiabatisch expandiert, zu rd. 170 WE.

Danach würde die Strömgeschwindigkeit eines unter vorstehenden Temperaturgrenzen aus einer Düse mit adiabatischer Expansion ausströmenden Destillatdampfes nur $= \sqrt{\dfrac{60}{170}} =$ rd. 70 vH der entsprechenden Geschwindigkeit des Wasserdampfes betragen.

Danach können also die Radumfangsgeschwindigkeiten unter sonst gleichen Verhältnissen für die Destillatturbine gleichfalls auf 70 vH der Umfangsgeschwindigkeiten der Wasserdampfturbinen herabgesetzt werden.

Hinsichtlich der Dampfkanalabmessungen der Destillatdampfturbine sei der folgende Vergleich mit der Wasserdampfturbine herangezogen.

1 kg Destillatdampf von 350° C besitzt nach dem Vorhergesagten nur rd. ein Drittel der Arbeitsfähigkeit des Wasserdampfes von 190° C; sein Volumen ist fast achtmal kleiner als das des Wasserdampfes. Beachtet man nun, daß die Strömungsgeschwindigkeit des Destillatdampfes in den Kanälen im Mittel 70 vH von der des Wasserdampfes ist, dann ergibt sich, daß die Dampfkanalquerschnitte der Leit- und Laufräder für die Destillatturbine fast um die Hälfte kleiner werden, als für eine Wasserdampfturbine gleicher Leistung.

D) Der Kondensator.

Der Kondensator der Destillatkraftanlage ist nach dem im Abschnitt I Gesagten zugleich Dampferzeuger der Wasserdampfstufe. Die Wärme wird aus dem Destillat in das Wasser etwa bei 180 bis 190° C übergeführt.

Das zur Flüssigkeit verdichtete Destillat wird mit einer Kreiselpumpe von der Kondensatorspannung, die etwas über dem äußeren Atmosphärendruck liegen möge, auf die Kesselspannung von 12,5 kg/qcm absolut gefördert, in dem Flüssigkeitsbehälter gemäß der Beschreibung unter A) vorgewärmt und nach Bedarf selbsttätig wieder in den Destillatkessel hinübergedrückt.

Ueber die Prüfung feuerfester Steine nach den Vorschriften der Kaiserlichen Marine, insbesondere auf Raumbeständigkeit in der Hitze.

Bericht aus dem Königlichen Materialprüfungsamt Groß-Lichterfelde, erstattet vom Vorsteher der Abteilung für Baumaterialprüfung, Professor **M. Gary.**

Veranlassung zu den Versuchen.

Seit Jahren sind aus der Praxis heraus Wünsche laut geworden, die Eigenschaften feuerfester Steine eingehender als bisher zu erforschen. Man hat diese Wünsche dahin auszudrücken versucht, daß man kurz die Erforschung der Wärmeleitfähigkeit der Steine forderte. Diese Forderung ist aus dem Bedürfnis entstanden, die Leistungsfähigkeit der Winderhitzer und Wärmespeicher für die Eisenerzeugung auf das äußerste zu erhöhen. Man hat dabei übersehen oder nicht genügend zum Ausdruck gebracht, daß es nicht die Wärmeleitfähigkeit allein ist, die einen bestimmten Stein geeignet oder ungeeignet für Winderhitzer, Retorten usw, erscheinen läßt, sondern daß eine ganze Reihe anderer Eigenschaften gleichfalls in Frage kommen, insbesondere das Wärmeaufnahme- und -abgabevermögen, das Verhalten gegen strahlende Wärme, die Festigkeit und Ausdehnungsfähigkeit oder Schwindung der feuerfesten Steine im Ofen.

Das Amt hat nun zunächst versucht, Einrichtungen zu treffen, um für die Bestimmung der genannten Eigenschaften geeignete Verfahren auszubilden; es hat mehrere elektrisch heizbare Oefen beschafft und mit ihnen Versuche an gestellt.

Ueber das Verfahren zur Bestimmung der Leitfähigkeit und die damit an einer Reihe feuerfester Steine gefundenen Ergebnisse wird gesondert berichtet werden. Dieses Verfahren gestattet, die bestehenden Unterschiede zwischen den verschiedenen Steinen sicher zu bestimmen und einen zahlenmäßigen Wertmaßstab zu bilden.

Ein weiteres, zur Bestimmung der Druckfestigkeit feuerfester Steine während der Erhitzung durchgebildetes Verfahren ist bereits in den »Mitteilungen aus dem Kgl. Materialprüfungsamt« 1910 S. 23 u. f. veröffentlicht worden.

Ein über ferner notwendig erscheinende Versuche mit feuerfesten Steinen dem Herrn Minister der geistlichen, Unterrichts- und Medizinalangelegenheiten erstatteter Bericht hob Folgendes hervor:

Die Versuche mit feuerfesten Tonen in bezug auf ihre praktische Verwertbarkeit begegnen insofern erheblichen Schwierigkeiten, als die Zusammensetzung der Schamottemassen, selbst aus der gleichen Fabrikation, außerordentlich stark wechselt und damit auch die Eigenschaften dieser Massen sich sehr verschieben. Versuche mit solchen Massen müssen also auf sehr breiter Grundlage angelegt werden, und es muß versucht werden, die Beziehungen zwischen der Zusammensetzung und der Herkunft der feuerfesten Tone zu den Eigenschaften der fertigen Massen zu ermitteln. Gelingt es, gesetzmäßiges Verhalten bestimmter Mischungen festzustellen, so werden sich damit für die Verwendung der aus diesen Massen erzeugten Handelswaren, seien es Ofenkacheln, Kapseln oder Muffeln, für die Industrie der Gesteine und Erden oder Steine für die Metallindustrie, erhebliche Vorteile gewinnen lassen. Hand in Hand mit den Versuchen der Bestimmung der Wärmeleitfähigkeit von Tonmassen müssen aber Versuche gehen, welche die Eigenschaften dieser Massen bei denjenigen Hitzegraden festzustellen gestatten, denen sie bei ihrer Verwendung in der Industrie unterliegen. Auch an dieser Frage haben Handel und Gewerbe lebhaftes Interesse. Beispielsweise sei darauf hingewiesen, daß die Eisenhüttenindustrie immer mehr dazu übergeht, die Winderhitzer für Hochöfen so hoch und so umfangreich wie möglich zu gestalten. Einstürze von Cowper-Apparaten haben bereits dazu geführt, ein Verfahren auszuarbeiten, die Festigkeit feuerfester Steine während der Erhitzung festzustellen. Soweit die wenigen bis jetzt ausgeführten Versuche erkennen lassen, geht die Festigkeit der erhitzten Steine mit der Festigkeit der kalten Steine gleicher Zusammensetzung keineswegs parallel, und es steht zu erwarten, daß verschiedene Massen sich geradezu als unbrauchbar da erweisen werden, wo sie während der Erhitzung unter Druck stehen, z. B. auch in Gewölben von Brennöfen, Schmelzöfen und dergl. Auf diesem Gebiete herrscht außerordentlich geringe Kenntnis, und die Fabrikanten feuerfester Waren haben sich auch bisher gegenüber den Bestrebungen, Klarheit in die Eigenschaften ihrer Erzeugnisse zu bringen, abwartend verhalten, weil sie eine Behinderung oder eine behördliche Ueberwachung ihrer Fabrikate befürchten. Aus dem gleichen Grunde sind auch private Abnehmer nicht leicht geneigt, Versuche in der angedeuteten Richtung zu unterstützen, und es bleibt nichts weiter übrig, als mit Staatsmitteln dahin zu streben, Wege zu finden, auf denen eine sorgfältige Auswahl feuerfester Erzeugnisse und anderer zur Wärmeübertragung bestimmter oder feuerbeständiger Tonwaren möglich ist, derart, daß die richtigen Steine an der richtigen Stelle zur Verwendung kommen.

Fehlschläge in der Ton- und Eisenindustrie und viele durch vorzeitige Ausbesserungen entstandene Kosten könnten vermieden werden, wenn es gelänge, die erforderliche Klarheit zu schaffen.

Dann erst ließen sich auch Lieferungsbedingungen aufstellen, die einwandfrei sind und die abnehmende Behörde vor Uebervorteilung und vor Materialschaden schützen.

Mit Erlaß vom 24. November 1908 U I 23968 hat der Herr Minister der geistlichen, Unterrichts- und Medizinalangelegenheiten die Durchführung von Versuchen unter Bereitstellung der erforderlichen Mittel auf 5 Jahre verfügt.

An der Aufbringung der Mittel beteiligen sich der Herr Minister für Handel und Gewerbe, der Herr Minister der öffentlichen Arbeiten, der Herr Kriegsminister und der Herr Staatssekretär des Reichsmarineamtes.

Der Herr Staatssekretär des Reichsmarineamtes knüpfte seine Beteiligung an die Bedingung, daß die Versuche den Vorschriften Rechnung tragen, die von der Kaiserlichen Marine an feuerfeste Steine gestellt werden.

Diese Vorschriften lauten:

Nr. 101. Feuerfeste Steine und Schamotteerde [1].

I. Feuerfeste Steine.

a) Bestes feuersicheres Material von möglichst geringem spezifischem Gewicht in drei Qualitäten

α) schwere Steine (für das direkt mit der glühenden Kohlenschicht in Berührung kommende Mauerwerk — Mauerwerk am Rost der Wasserrohrkessel bis zu etwa 0,5 m Höhe, Feuerbrücken der Zylinderkessel usw.).

Spezifisches Gewicht 1,5 bis 2,0. Schmelzpunkt nicht unter 1800° C. (Segerkegel Nr. 35. Bezugsquelle: Tonindustrie, Berlin NW. 21.)

β) mittelleichte Steine (für das nur von den Flammen getroffene Mauerwerk — obere Teile der Vorder- und Rückwände der Wasserrohrkessel usw.).

Spezifisches Gewicht 1,2 bis 1,5. Schmelzpunkt nicht unter 1700° C. (Segerkegel Nr. 29.)

γ) leichte Steine (für Mauerwerk, welches nicht direkt von den Flammen berührt wird — Rohrabdeckungen, Hintermauerungen von Feuerbrücken usw.).

Spezifisches Gewicht 0,9 bis 1,2. Schmelzpunkt nicht unter 1600° C. (Segerkegel Nr. 24.)

Im Angebot sind die zu garantierenden spezifischen Gewichte und Schmelzpunkte jedesmal besonders anzugeben.

b) Die Steine sind dicht und fest herzustellen und müssen sich, ohne zu brechen, mit einem scharfen Hammer leicht bearbeiten lassen.

c) Normalgröße der Steine $250 \times 120 \times 65$ mm, sonst nach Bestellmaß.

d) Materialprüfung.

α) Feststellung des Schmelzpunktes. Zahl: Es bleibt der Werft überlassen, ob und in welcher Zahl dieselbe bei den einzelnen Lieferungen vorzunehmen ist.

β) Siebenstündige Glühprobe bei einer Temperatur, welche möglichst nahe der des garantierten Schmelzpunktes kommt.

Die Steine müssen der Glühprobe widerstehen und dürfen nach dem Glühen nicht mehr als 2 vH in jeder Maßrichtung schwinden oder wachsen, sowie keine Hartbruchrisse zeigen, noch bröcklig werden. Zahl: Bei Steinen von der Normalgröße oder sonstigem Ziegelformat je ein Stück von 5000 Stück angelieferten Steinen; bei Formsteinen nach dem Ermessen der Werft.

II. Schamotteerde (Schamottemehl).

a) Zweck: Bindemittel für Schamottemauerwerk.

b) Geeignetes feuerbeständiges Material. Lieferung nach Probe (siehe Nr. 13). Bei der Feststellung der Probe wird der Schmelzpunkt des mit der Schamotteerde hergestellten Mörtels bestimmt, welcher für die Lieferung maßgebend ist.

c) Materialprüfung durch siebenstündige Glühprobe und eventuell Feststellung des Schmelzpunktes mit Mörtelproben.

---

[1] Die Vorschriften sind käuflich bei **E. S. Mittler & Sohn**, Berlin, zu haben. Sie sind, wie das Reichs-Marine-Amt nach Erscheinen des Auszuges aus der vorliegenden Forscherarbeit in der Zeitschrift des Vereines deutscher Ingenieure 1912 S. 24 mitteilte, nun für Kriegsschiffe und Torpedoboote bestimmt. Die kaiserlichen Werften sind für ihre einzelnen Betriebe (Gießereien usw.) an diese Vorschriften nicht gebunden, da für Bordverhältnisse andere Umstände mitsprechen als bei Landanlagen. Die Grundlage für die jetzigen Vorschriften haben nach Mitteilung des Reichs-Marine-Amtes umfangreiche Versuche mit feuerfesten Steinen, namentlich auf Torpedobooten, gebildet.

Mit Rücksicht auf diese Bedingungen ist der folgende Arbeitsplan aufgestellt worden:

I. Arbeitsplan

für Versuche nach den Lieferungsbedingungen der Kaiserlichen Marine.

a) Versuche auf Einreihung handelsüblicher feuerfester Steine und Schamotteerde nach Raumgewicht[1]) und Schmelzpunkt.

	Raumgewicht	Segerkegel
α) schwere Steine	1,5 bis 2,0	> 34
β) mittelleichte Steine	1,2 » 1,5	> 29
γ) leichte Steine	0,9 » 1,2	> 24

b) Versuche auf Bearbeitungsmöglichkeit mit dem Hammer.

c) Feststellung der Größe. Sollmaße $250 \cdot 120 \cdot 65$ mm.

d) Glühprobe während sieben Stunden bei möglichst hoher Erhitzung. Feststellung der Schwindung oder Schwellung. Sollmaße < als 2 vH. Feststellung von Rissen oder Bröckligwerden.

Die Probesteine.

Es wurden 110 verschiedene Sorten feuerfester Steine beschafft, von denen jede Sorte mit der Firma des Einsenders und mit einem Fabrikzeichen versehen war. Aus diesen Proben wurden zunächst 10 Sorten willkürlich ausgewählt, die nach ihren Zeichen mit den von den Einsendern gemachten Angaben in Zahlentafel 1 aufgeführt sind.

Prüfung.

Die Prüfung der vorstehend aufgeführten 10 Steinsorten erstreckte sich außerhalb des Arbeitsplanes auf Feststellung des Gefüges, der Beschaffenheit der Bruchfläche und der Farbe und nach dem Arbeitsplan auf:

a) Raumgewicht, spezifisches Gewicht, Undichtigkeitsgrad und Schmelzpunkt;

c) Feststellung der Größe;

d) Glühprobe.

Die Versuche unter b) des Arbeitsplanes (Bearbeitungsmöglichkeit mit dem Hammer) konnten nicht ausgeführt werden, da hierfür die vorhandenen Steine nicht ausgereicht hätten.

Die Ergebnisse der Versuche nach a) und c) sind in Zahlentafel 2 zusammengestellt und seien zunächst besprochen.

Raumgewicht.

Die in den Bedingungen der Kaiserlichen Marine aufgestellte Forderung eines möglichst geringen »spezifischen Gewichtes«, bis herab zu 0,9, meint zweifellos das Raumgewicht r; denn das spezifische Gewicht s, das Gewicht der Raumeinheit des lückenlosen Körpers, dürfte bei keinem feuerfesten Stein unter $s = 2,5$ hinabgehen. Es schwankte bei den untersuchten Steinen zwischen $s = 2,542$ und $2,643$ für die eigentlichen Schamottesteine und beträgt $s = 3,600$ und $3,636$ für die Magnesitziegel.

---

[1]) In den Vorschriften Nr. 10t ist offenbar das spezifische Gewicht mit dem Raumgewicht verwechselt worden, wie weiter unten bewiesen wird.

Zahlentafel 1. Probesteine.

Prüfung Nr.	Bezeichnung durch den Einsender	Chemische Zusammensetzung in vH (nach Angabe der Einsender) [1]								Bemerkungen der Einsender
		in Salzsäure Unlösliches	Kieselsäure SiO_2	Tonerde Al_2O_3	Eisenoxyd Fe_2O_3	Kalk CaO	Magnesium MgO	Kaliumoxyd K_2O	Glühverlust	
1	»2«	—	56,55	37,40	1,50	0,50	0,82	2,81	0.42	Hochofensteine S.K. 10/11, spez. Gew. etwa 1,79, Schamottequalität
2	»D I«	—	rd. 67,0	rd 30,0	—	—	—	—	—	72 Stunden gebrannt bei etwa 1200⁰ C, Mantel für Cowper-Apparate und Kessel-feuerungen, gepreßt
3	—	—	—	—	—	—	—	—	—	Magnesitsteine, Vewendung in der metallurgischen Industrie
4	»K.M.« »M.L.« und »G I«	—	—	—	—	—	—	—	—	Normalsteine, poröse Qualität, spez. Gew. 1,5 , Rohmaterialien: 1 Kapselscherben + 1 Koks + 2 Ton (fett) — Raumteil. Im Gasofen bei S.K. 10—11 gebrannt
5	»K.M.« »L« und »G I«	—	—	—	—	—	—	—	—	desgl. spez. Gew. 1,1, Rohmaterial: 1 Koks + 1 Ton (fett), wie Nr. 4 gebrannt
6	—	0,63	0,20	0,17	9,31	0,35	88,85	—	—	ungarischer, sintergebrannter Magnesit (hydraulisch gepreßt), Schmelzpunkt über S.K. 39
7	»14«	—	89,04	8,25	1,05	0,26	0,21	0,79	0,40	Schweißofensteine, S.K. 9/10, spez. Gew 2,0, saurer Stein
8	»A A.«	—	—	—	—	—	—	—	—	gewöhnlicher Schamottestein ohne Quarz für höher beanspruchte Kessel- u. andere Feuerungen, Ziegel- und Kalkringöfen, Porzellan- u. Steingutöfen, Flammrostöfen, speziell bei Verwendung schwefelhaltiger Braunkohlen, zum Unterbau von Retortenöfen, für Regeneratoren, Temper- u. Glühöfen usw. u. für den unteren Teil der Pfeiler bei Gasöfen usw.
9	»H.B «	—	56,77	41,12	—	—	—	—	Fluß-mittel 2,12	Schweißofenqualität, Schmelzpunkt bei S.K. 33, abgebrannt mit S.K. 13 als Wächter, gut behaubar, Hauptofenbaustoff für Puddel-, Schweiß- und Koksöfen, für Glasfabriken, wo der Stein mit flüchtigem Gase nicht in Berührung kommt, für Wangen von Kalk- u. Ziegelringöfen, Regeneratoren, Porzellanofenausfutterung, Feuerbrücken, Wehrbogen usw.
10	»K.«	—	—	—	—	—	—	—	—	—

Für Zeile 6 gilt: die Werte 0,20 | 0,17 | 9,31 | 0,35 | 88,85 stehen unter der Klammer **in Salzsäure Lösliches**.

[1] Durch das Amt, weil zunächst unerheblich, nicht nachgeprüft.

Nach dem Raumgewicht dagegen ordnen sich die Steine in die Klassen α bis γ der Bestimmungen der Kaiserlichen Marine wie folgt ein:

Klasse α: $r = 1,5$ bis $2,0$, Steinsorten 1, 2, 7, 8, 9, 10, das sind die gewöhnlichen Schamottesteine, Hochofensteine, Schweißofensteine;

Klasse β: $r = 1,2$ bis $1,5$, Steinsorte 4, poriger Stein;

Klasse γ: $r = 0,9$ bis $1,2$, Steinsorte 5, poriger Stein. Bemerkenswert ist, daß das Raumgewicht dieser beiden Steinsorten von den Fabrikanten höher angegeben war, als es gefunden wurde.

Die beiden Magnesitsteine liegen mit ihrem Raumgewicht außerhalb der Klassen der Kaiserlichen Marine.

Zahlentafel 2. Abmessungen und allgemeine Eigen-

Laufende Nr.	Art und Herstellung der Proben nach Angabe der Einsender	Abmessungen der Steine bei der Anlieferung			Bruchflächen-
		Länge cm	Breite cm	Höhe cm	Gefüge
1	Hochofenstein, Schamottequalität S.K. 10/11	25,0	12,0	6,5	gleichmäßig, feinporig (Wasser lebhaft ansaugend), körnig von Schamottekörnern von etwa $^1/_3$ cm Größe
2	gepreßte Steine für Mäntel von Cowper-Apparaten und Kesselfeuerungen, gebrannt bei rd. 1200⁰ C	25,0	11,5	6,5	gleichmäßig, feinporig (Wasser noch lebhafter ansaugend als Nr. 1), mit nur kleinen sichtbaren Poren, mit zerstreuten Schamottekörnern bis etwa $^1/_3$ cm Größe
3	Magnesitziegel, Hauptverwendungszweck in d. metallurgischen Industrie	25,0	12,0	6,5	gleichmäßig, stark feinporig. (Wasser sehr lebhaft ansaugend, wenig sichtbare Poren, unter der Lupe feinkörnig-kristallinisch mit eingelagerten Bruchstücken, bis etwa 2 mm Größe
4	poröse Qualität, im Gasofen bei S.K. 10/11 gebrannt, spez. Gew. 1,5	25,0	12,0	6,5	gleichmäßig, feinporig (Wasser sehr lebhaft ansaugend), zellig, grobporig (bis etwa $^1/_2$ cm Größe)
5	desgleichen spez. Gewicht 1,1	25,0	12,0	6,5	schwammig, porig, sonst wie Nr. 4
6	Magnesitsteine aus sintergebranntem ungarischem Magnesit, hydraul. gepreßt, Schmelzp. S.K. 39	25,0	12,0	6,5	wie Nr. 3, jedoch nicht deutlich kristallinisch
7	Schweißofenstein, S.K. 9/10, saurer Stein	25,0	12,0	6,5	gleichmäßig, feinporig, mit wenigen sichtbaren Poren, mit zerstreuten Körnern, bis etwa $^1/_3$ cm Größe
8	gewöhnlicher Schamottestein für höher beanspruchte Feuerungen	25,0	12,0	6,5	gleichmäßig, stark feinporig, mit eingelagerten Körnern (rundlich bis splittrig) bis etwa $^1/_2$ cm Größe
9	Schweißofenstein, Schmelzpunkt bei S.K. 33, abgebrannt mit S.K. 13 als Wächter	25,0	12,0	6,5	gleichmäßig, durch Ton verkittete Schamottesplitter bis $^1/_2$ cm und darüber groß, mäßig feinporig mit vereinzelten kleinen sichtbaren Hohlräumen
10	— (ohne Angabe)	25,0	12,0	6,5	gleichmäßig feinporig, mit zerstreuten Körnern (Bruchstücken) bis etwa $^1/_3$ cm Größe

Schmelzpunkt.

Der Vergleich nach dem Schmelzpunkt gibt eine etwas andere Einteilung.

Klasse α: Schmelzpunkt S.K. 34, Steinsorten 3 und 6, das sind die Magnesitsteine.

Klasse β: Schmelzpunkt S.K. 29, Steinproben 1, 2, 4, 7, 8, 9, 10.

Klasse γ: Schmelzpunkt S.K. 24, Steinprobe 5.

Das heißt also, fast sämtliche Steine (mit Ausnahme von Nr. 4), die nach dem Schmelzpunkt unter Klasse β fallen, gehören nach dem Raumgewicht beurteilt unter Klasse α.

Die Vorschriften unter a) müßten also wohl, wenn spätere Versuche diese Erfahrungen bestätigen, einer Aenderung unterworfen werden, vielleicht dahingehend, daß man den Schmelzpunkt für Klasse α um 2 bis 3 Kegel herabsetzt oder die Vorschrift für die Raumgewichte ändert oder wegläßt.

schaften von zehn Sorten feuerfester Steine.

| beschaffenheit | | Raum-gewicht r | spezifisches Gewicht s | Dichtig-keitsgrad d | Un-dichtig-keitsgrad u | Schmelzpunkt |
Bruch	Farbe					Segerkegel
uneben, scharf-kantig	gelblichweiß	1,790	2,542	0,742	0,258	32 bis 33
uneben, scharf-kantig	blaßgelb, in der Außenschicht in blaß-rot übergehend	1,941	2,586	0,751	0,249	30
uneben, scharf-kantig	dunkel, graurötlich	2,760	3,636	0,759	0,241	nahe bei Kegel 36 nicht geschmolzen
etwas bröcklig	graurötlich, in der Außenschicht in gelb-lichrot übergehend	1,291	2,632	0,491	0,509	30 bis 31
etwas bröcklig	rötlichgelb, nach innen mehr rot werdend	1,018	2,609	0,390	0,610	28
uneben, scharf-kantig	dunkelgraurötlich (etwas heller als Nr. 3)	2,307	3,600	0,641	0,359	nahe bei Kegel 36 nicht geschmolzen
uneben, scharf-kantig	schmutzig hellröt-lichgelb mit weißen u. einzelnen dunklen Sprenkeln	1,986	2,609	0,761	0,239	31
uneben, etwas bröcklig	weiß	1,636	2,609	0,627	0,373	32
splittrig, kantig	blaß, rötlichgrau	1,807	2,643	0,684	0,316	33
uneben, scharf-kantig	blaß, gelblich	1,872	2,643	0,769	0,231	32 bis 33

Größe.

Sämtliche Steinsorten mit Ausnahme von Sorte 2, den gepreßten Steinen für Mäntel an Cowper-Apparaten usw. haben das genaue Normalmaß; die letzteren sind um ½ cm zu schmal.

Glühprobe.

Versuchsausführung.

Da vorauszusehen war, daß die Versuche unter d) des Arbeitsplanes die größten Schwierigkeiten bereiten würden, wurden die Proben zunächst für diese Versuche vorbereitet.

Aus je einem Schamottestein wurden mit Hülfe eines Diamant-Kernbohrers je 8 Zylinder von 5 cm Dmr. herausgebohrt. Diese Zylinder wurden in einem elektrischen Ofen zwischen 1050 und 1450⁰ C erhitzt und nach der Abkühlung mit der Schublehre gemessen, wie in den Mitteilungen aus dem Königlichen Materialprüfungsamt Jahrgang 1910 S. 40 beschrieben ist. Für stärkere Erhitzung standen keine Einrichtungen zur Verfügung und sie schienen auch nicht notwendig, da für die Zwecke der Kaiserlichen Marine in den Kesselfeuerungen höhere Hitzegrade kaum in Frage kommen.

Das angewendete Verfahren ließ indessen nur Ablesungen an dem Nonius der Schublehre bis zu 0,1 mm zu und berücksichtigt nicht die Schwellung der Körper während der Erhitzung. Es wurde deshalb nach mehreren Vorversuchen das folgende Verfahren ausgebildet.

Die bei den Bohrungen des Steines zwischen den Zylindern verbleibenden Stücke 1, 2, 3, Fig. 1, wurden auf der Karborundumscheibe und mit Schmirgel zu Stäben von quadratischem Querschnitt bei 2,5 cm Seitenlänge geschliffen und an den beiden Enden, die den Lagerflächen des Steines entsprechen, in Zylin-

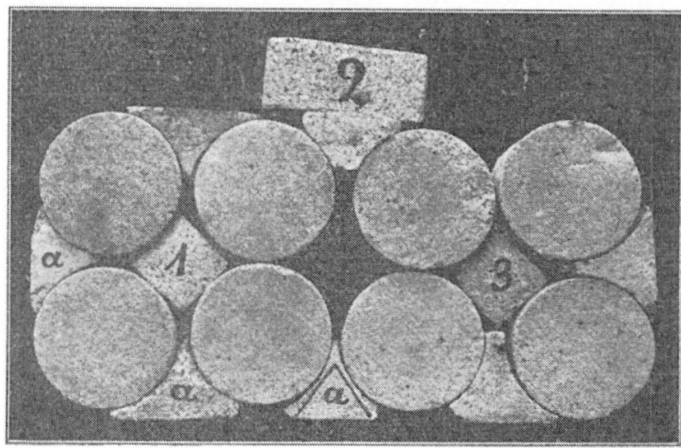

Fig. 1.

derflächen mit etwa 3,5 cm Dmr. des Zylinders abgerundet, s. 2 in Fig. 1. Die Stäbe erhielten so zwischen den Zylinderflächen 6 cm Länge und wurden nun in einem wagerecht gelagerten elektrischen Ofen in der Mitte des Ofenraumes quer zur Ofenachse auf einem kleinen Porzellanbock so gelagert, daß sie sich bei der Erhitzung frei ausdehnen und zusammenziehen konnten. Bei der Wahl dieser Probestücke war der Gedanke entscheidend, daß die Steine bei der Herstellung senkrecht zu ihren Lagerflächen die stärkste Verdichtung erfahren und daß daher Längenänderungen infolge Schwellens einzelner Bestandteile der Steine sich in der Richtung der Achse senkrecht zu den Lagerflächen des Steines am stärksten bemerkbar machen würden.

Die Versuchsanordnung ist aus Fig. 2 ersichtlich.

a ist ein elektrischer Ofen von Heraeus, Hanau, mit Heizrohr aus schwer schmelzbarer Marquardtscher Masse, der die Erwärmung der Schamottekörper bis auf 1200⁰ C zuließ. Zur Verfügung stand Gleichstrom von 220 V Spannung. Die Hitze wurde mit Hülfe eingeschalteter Widerstände b allmählich gesteigert und, nachdem 1200⁰ erreicht waren und sie einige Minuten eingewirkt hatte, langsam vermindert. Darauf stand der Ofen unberührt bis zur völligen Abkühlung. Die Wärmemessung erfolgte mit Hülfe eines Le Chatelier-Pyrometers c, welches von hinten in den Ofen bis dicht an den Versuchskörper, der etwa in der Mitte des Ofens wagerecht lag, eingeführt war. Die Wärme wurde am Galvanometer d abgelesen.

Die Längenänderung der Körper wurde in der Art gemessen, daß die Fadenkreuze zweier Nonienfernrohre auf die beiden gewölbten Endflächen des Stabes so eingestellt wurden, daß der senkrechte Faden als Tangente zu der

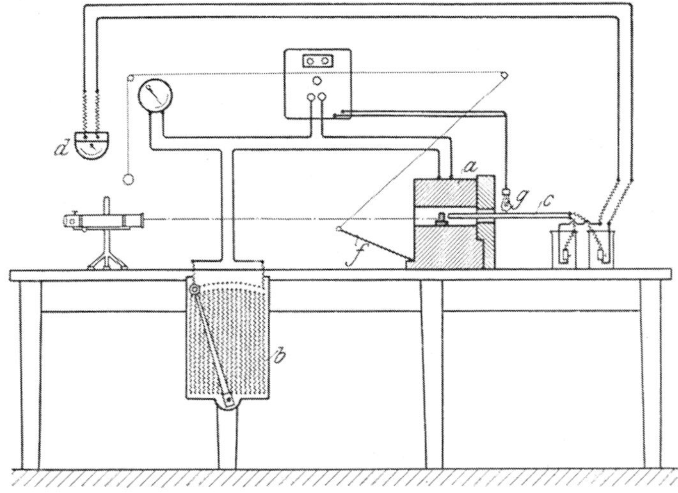

Fig. 2.

Zylinderfläche der Endwölbung des Probestückes erschien. Die Verschiebung der Endpunkte des Versuchskörpers gegen den Faden der Fernrohre wurde mit Hülfe der in das Okular der Fernrohre eingebauten Nonien gemessen.

Um die Wärme im Ofen möglichst zusammenzuhalten, wurde eine Asbestpappe f so angeordnet, daß sie mit Hülfe eines Rollenzuges vom Sitze des Beobachters aus leicht niedergelegt und wieder an die Ofenöffnung angedrückt werden konnte. Die Beleuchtung des Ofeninnern lieferte eine Glühbirne g.

Mit Hülfe dieser Einrichtung sind von jeder der zehn Steinsorten die sich ergebenden Körper 1, 2, 3, Fig. 1, gemessen und das Arbeiten der Steine bei Erhitzung und Abkühlung (Schwellen und Zusammenziehen) festgestellt worden. Die drei Körper des Probekörpers 1 wurden zweimal geprüft. Wiederholte Prüfungen sind auch mit den anderen Steinen in Aussicht genommen.

Prüfungsergebnisse
nach dem Verfahren d).

Die Ergebnisse der Versuche sind in den Zahlentafeln 3 bis 12 und den Fig. 3 bis 12 zusammengestellt und lassen Folgendes erkennen.

Die 10 Steine teilen sich nach dem Ergebnis der Glühversuche bis Kegel 4 in drei Gruppen:
1) mit starker Schwellung über 20 mm auf 1 m, Sorten 3 und 6.
2) » mittlerer » zwisch. 13 » u. 20 mm » 1 », » 1, 2, 4, 5, 7, 8.
3) » geringer » bis 13 » » 1 », » 9 und 10.

Das Raumgewicht steht mit der Größe der Schwellung in keiner unmittelbaren Beziehung, wie Fig. 13 beweist.

Die Magnesitsteine erleiden die stärkste Schwellung, die übrigen Steine sind in dieser Beziehung nicht wesentlich verschieden, ausgenommen die beiden Sorten 9 und 10, was ebensowohl auf die Zusammensetzung der Steine, wie auf die Korngröße oder auf die Art der Herstellung der Rohsteine und des Brandes zurückgeführt werden kann.

Nach dieser Richtung hin müßten erst Versuche mit Steinen, deren Zusammensetzung bekannt ist, Aufschlüsse geben.

Zahlentafel 3.

Stein »Nr. 1«. Bezeichnung »2« (siehe Fig. 3).

Körper 1			Körper 2			Körper 3			Dehnung im Mittel
Wärme im Ofen	Längenausdehnung des Körpers		Wärme im Ofen	Längenausdehnung des Körpers		Wärme im Ofen	Längenausdehnung des Körpers		
^{0}C	mm	vT	^{0}C	mm	vT	^{0}C	mm	vT	vT
18	0,00	0,00	16	0,00	0,00	22	0,00	0,00	0,00
75	0,00	0,00	55	0,05	0,83	100	0,01	0,19	—
180	0,03	0,55	180	0,08	1,34	200	0,08	1,53	1,14
250	0,09	1,64	—	—	—	—	—	—	—
350	0,12	2,19	320	0,09	1,50	300	0,10	1,91	—
435	0,14	2,55	425	0,14	2,34	400	0,19	3,64	2,84
515	0,19	3,46	—	—	—	500	0,22	4,21	—
580	0,20	3,64	580	0,15	2,51	—	—	—	—
650	0,27	4,92	—	—	—	600	0,24	4,60	—
680	0,28	5,10	680	0,25	4,20	—	—	—	—
740	0,29	5,28	750	0,30	5,01	700	0,33	6,32	—
790	0,36	6,56	—	—	—	—	—	—	—
850	0,42	7,64	830	0,42	7,01	800	0,36	6,90	—
910	0,45	8,20	910	0,55	9,20	900	0,41	7,84	8,41
940	0,52	9,47	—	—	—	950	0,50	9,58	—
970	0,54	9,83	975	0,63	10,52	—	—	—	—
1000	0,57	10,38	—	—	—	1000	0,54	10,34	—
1030	0,58	10,57	1030	0,71	11,86	—	—	—	—
1050	0,60	10,93	—	—	—	1050	0,56	10,73	—
1060	0,62	11,28	—	—	—	—	—	—	—
1070	0,64	11,66	—	—	—	—	—	—	—
1100	0,66	12,02	1100	0,73	12,20	1100	0,63	12,07	12,10
1110	0,70	12,76	1135	0,71	11,86	1125	0,66	12,65	12,42
1150	0,82	14,95	—	—	—	1150	0,69	13,22	—
—	—	—	1180	0,71	11,86	1175	0,75	14,37	—
1200	0,86	15,66	1210	0,74	12,36	1200	0,79	15,13	14,38
1130	0,68	12,38	—	—	—	1150	0,71	13,60	—
1070	0,65	11,83	—	—	—	1100	0,61	11,69	—
1030	0,59	10,75	1050	0,57	9,52	1050	0,51	9,77	10,01
1000	0,57	10,38	1000	0,55	9,20	1000	0,49	9,39	9,66
980	0,56	10,19	970	0,49	8,18	950	0,46	8,81	9,06
890	0,49	8,92	890	0,34	5,68	900	0,42	8,03	7,54
800	0,39	7,11	790	0,33	5,51	800	0,29	5,56	6,06
740	0,35	6,37	720	0,31	5,18	—	—	—	—
700	0,28	5,10	680	0,25	4,20	700	0,24	4,60	4,63
630	0,13	2,37	—	—	—	—	—	—	—
600	0,11	2,00	610	0,22	3,67	600	0,13	2,48	2,72
560	0,08	1,46	550	0,16	2,67	—	—	—	—
530	0,01	0,18	—	—	—	—	—	—	—
500	0,00	0,00	500	0,16	2,67	500	0,09	1,72	1,46
440	−0,01	−0,18	470	0,11	1,84	—	—	—	—
—	—	—	420	0,05	0,84	—	—	—	—
380	−0,02	−0,36	390	0,03	0,50	400	0,00	0,00	±0,29
340	−0,03	−0,55	340	0,02	0,33	—	—	—	—
300	−0,03	−0,55	300	0,00	0,00	300	−0,02	−0,38	−0,31
240	−0,03	−0,55	—	—	—	—	—	—	—
180	−0,03	−0,55	—	—	—	200	−0,03	−0,57	—
150	−0,04	−0,73	—	—	—	—	—	—	—
—	—	—	—	—	—	22	−0,04	−0,76	—

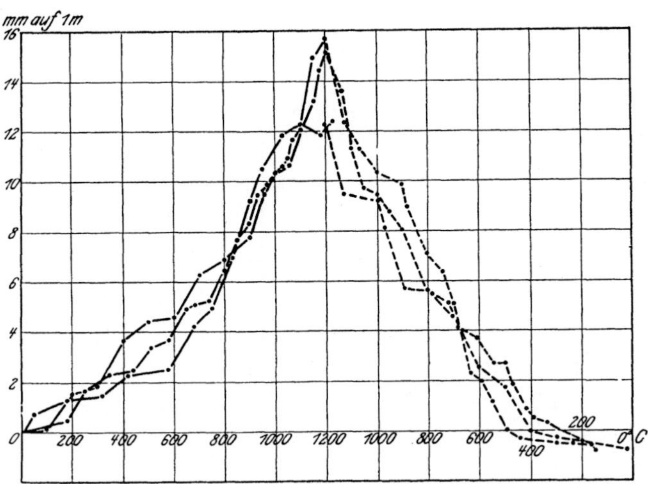

Fig. 3.

Stein »Nr. 1«, gezeichnet »2«.

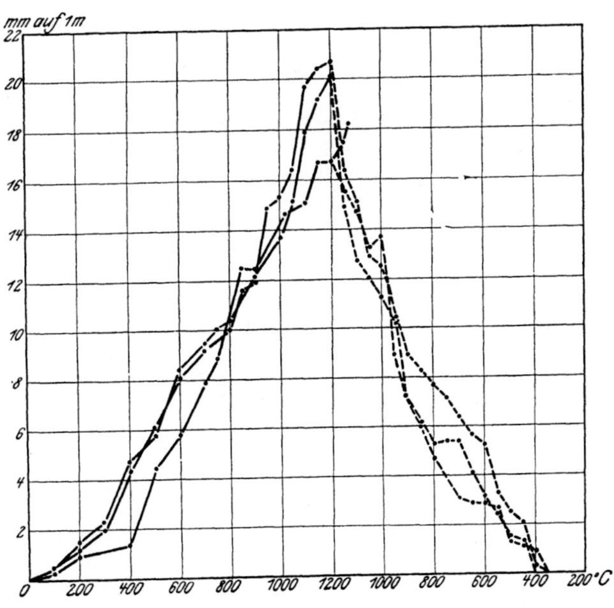

Fig. 4.

Stein »Nr. 2«, gezeichnet »D 1«.

Zahlentafel 4.

Stein »Nr. 2«. Bezeichnung »D. 1« (siehe Fig. 4).

Körper 1			Körper 2			Körper 3			Dehnung im Mittel
Wärme im Ofen	Längenausdehnung des Körpers		Wärme im Ofen	Längenausdehnung des Körpers		Wärme im Ofen	Längenausdehnung des Körpers		
^{0}C	mm	vT	^{0}C	mm	vT	^{0}C	mm	vT	vT
17	0,00	0,00	17	0,00	0,00	17	0,00	0,00	0,00
—	—	—	—	—	—	45	0,00	0,00	—
100	0,03	0,55	100	0,03	0,55	110	0,03	0,48	0,53
200	0,08	1,48	200	0,07	1,29	215	0,07	1,12	1,30
300	0,13	2,37	300	0,11	2,02	—	—	—	—
400	0,26	4,74	400	0,25	4,62	360	0,09	1,44	—
500	0,32	5,84	500	0,33	6,07	465	0,28	4,47	—
600	0,46	8,39	600	0,45	8,29	570	0,37	5,91	7,53
700	0,52	9,49	700	0,50	9,21	640	0,50	7,99	—
750	0,55	10,04	750	0,52	9,57	770	0,56	8,95	9,52
800	0,57	10,40	800	0,55	10,13	—	—	—	—
850	0,60	10,95	850	0,63	11,60	840	0,78	12,46	11,67
900	0,67	12,22	900	0,66	12,14	900	0,78	12,46	12,27
950	0,74	13,50	950	0,81	14,91	970	0,79	12,62	13,68
1000	0,75	13,68	1000	0,83	15,27	—	—	—	—
1025	0,76	13,87	1025	0,86	15,84	1015	0,89	14,22	14,64
1050	0,83	15,15	1050	0,89	16,39	1065	1,04	16,61	16,05
1075	0,87	15,88	1075	1,02	18,78	—	—	—	—
1100	0,98	17,88	1100	1,07	19,70	1090	0,94	15,02	17,53
1125	1,02	18,61	1125	1,09	20,07	1115	1,05	16,77	18,48
1150	1,05	19,16	1150	1,11	20,44	1145	1,05	16,77	18,79
1175	1,06	19,36	1175	1,11	20,44	1165	1,04	16,61	18,80
1200	1,10	20,07	1200	1,12	20,63	1200	1,04	16,61	19,10
—	—	—	—	—	—	1220	1,06	16,93	—
—	—	—	—	—	—	1240	1,10	17,57	—
—	—	—	—	—	—	1270	1,14	18,21	—
1150	0,82	14,96	1150	0,89	16,39	1180	0,97	15,50	15,62
1100	0,70	12,77	1100	0,82	15,09	1120	0,92	14,70	14,19
1050	0,66	12,04	1050	0,70	12,89	1060	0,83	13,26	12,73
1000	0,62	11,31	1000	0,68	12,52	1010	0,86	13,74	12,52
950	0,56	10,22	950	0,57	10,50	960	0,56	8,95	9,89
900	0,40	7,29	900	0,48	8,84	—	—	—	—
850	0,33	6,02	850	0,45	8,29	860	0,38	6,07	6,79
800	0,26	4,75	800	0,43	7,91	800	0,33	5,27	5,98
750	0,21	3,83	750	0,39	7,18	760	0,34	5,43	5,48
700	0,17	3,09	700	0,35	6,44	700	0,34	5,43	4,99
650	0,16	2,92	650	0,31	5,71	640	0,26	4,15	4,26
600	0,16	2,92	600	0,29	5,34	570	0,20	3,19	3,82
550	0,15	2,74	550	0,18	3,31	530	0,16	2,56	2,87
500	0,07	1,28	500	0,14	2,57	500	0,09	1,44	1,76
450	0,06	1,10	450	0,06	1,10	470	0,08	1,28	1,16
—	—	—	—	—	—	435	0,03	0,48	—
400	0,05	0,91	400	0,02	0,37	400	0,00	0,00	0,43
350	0,00	0,00	355	0,00	0,00	—	—	—	—
300	—0,01	—0,19	300	0,00	0,00	—	—	—	—
250	—0,02	—0,38	—	—	—	—	—	—	—
200	—0,02	—0,38	—	—	—	—	—	—	—

Zahlentafel 5.

Stein »Nr. 3« (siehe Fig. 5).

Körper 1			Körper 2			Körper 3			Dehnung im Mittel
Wärme im Ofen	Längenausdehnung des Körpers		Wärme im Ofen	Längenausdehnung des Körpers		Wärme im Ofen	Längenausdehnung des Körpers		
°C	mm	vT	°C	mm	vT	°C	mm	vT	vT
18	0,00	0,00	19	0,00	0,00	18,5	0,00	0,00	0,00
100	0,00	0,00	100	0,04	0,66	100	0,05	0,95	0,54
200	0,09	1,62	200	0,10	1,64	200	0,13	2,44	1,90
300	0,24	4,32	300	0,14	2,30	300	0,19	3,59	3,40
400	0,36	6,49	400	0,32	5,25	400	0,33	6,22	5,99
500	0,57	10,28	500	0,49	8,06	500	0,44	8,33	8,89
600	0,63	11,35	600	0,59	9,70	600	0,55	10,41	10,49
700	0,80	14,41	700	0,73	12,01	700	0,67	12,69	13,04
800	0,91	16,40	800	0,95	15,62	800	0,81	15,34	15,79
900	1,11	20,00	900	1,18	19,41	900	0,99	18,75	19,39
950	1,18	21,26	950	1,38	22,70	950	1,13	21,40	21,79
1000	1,30	23,42	1000	1,43	23,52	1000	1,23	23,29	23,41
1025	1,34	24,14	1025	1,49	24,51	1025	1,27	24,03	24,23
1050	1,37	24,68	1050	1,51	24,83	1050	1,35	25,57	25,03
1075	1,41	25,41	1075	1,60	26,32	1075	1,38	26,13	25,95
1100	1,43	25,76	1100	1,61	26,48	1100	1,44	27,27	26,50
1125	1,48	26,67	1125	1,65	27,13	1125	1,49	28,20	27,33
1150	1,55	27,93	1150	1,66	27,30	1150	1,54	29,15	28,13
1175	1,56	28,11	1175	1,70	27,97	1175	1,58	29,90	28,66
1200	1,63	29,37	1200	1,76	28,99	1200	1,62	30,66	29,67
1200	1,66	29,91	1200	1,78	29,28	1200	1,63	30,85	30,01
1175	1,62	29,19	1175	1,75	28,77	—	—	—	—
1150	1,55	27,93	1150	1,65	27,30	1150	1,47	27,84	27,69
1125	1,54	27,75	1125	1,60	26,32	—	—	—	—
1100	1,47	26,49	1100	1,58	25,99	1100	1,36	25,76	26,08
1050	1,41	25,41	1050	1,49	24,50	1050	1,34	25,38	25,10
1000	1,31	23,60	1000	1,41	23,19	1000	1,28	24,22	23,67
950	1,26	22,70	950	1,38	22,70	950	1,21	22,91	22,77
900	1,11	20,00	900	1,15	18,92	900	1,03	19,50	19,47
800	0,95	17,12	800	0,97	15,95	800	0,78	14,77	15,95
700	0,88	15,85	700	0,84	13,82	700	0,62	11,73	13,80
600	0,64	11,53	600	0,56	9,23	600	0,49	9,28	10,01
500	0,48	8,65	500	0,44	7,22	500	0,37	7,01	7,63
400	0,44	7,93	400	0,38	6,25	400	0,29	5,49	6,56
300	0,32	5,76	300	0,22	3,62	300	0,20	3,78	4,39
200	0,17	3,06	200	0,11	1,81	200	0,13	2,44	1,44
100	0,04	0,72	—	—	—	—	—	—	—
20	0,00	0,00	18	0,00	0,00	18	0,00	0,00	0,00

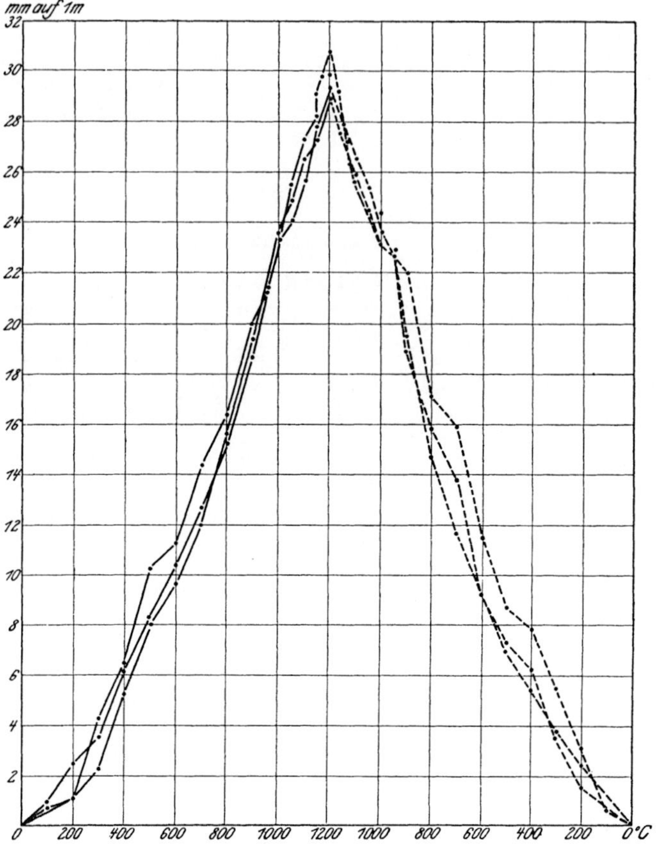

Fig. 5. Stein »Nr. 3«.

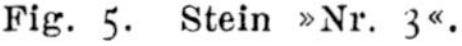
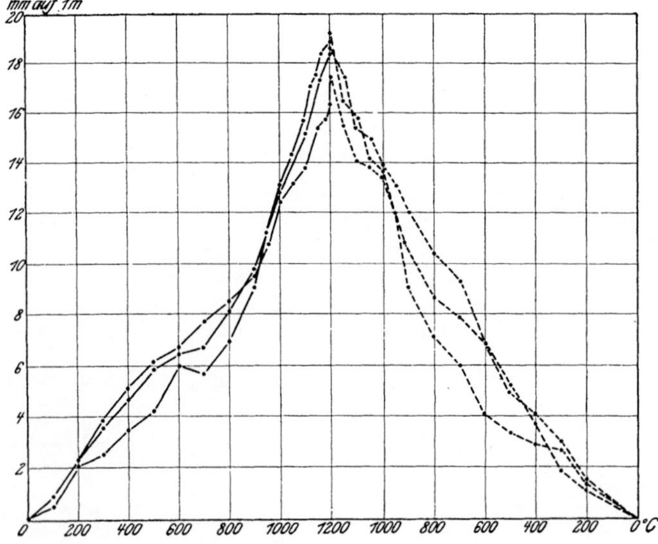

Fig. 6. Stein »Nr. 4«, gezeichnet »$\frac{K\,M}{M\,L}$« und »G I«.

Zahlentafel 6. Stein »Nr. 4«. Bezeichnung »$\frac{\text{K.M.}}{\text{M.L.}}$« und »G.I« (siehe Fig. 6).

Körper 1			Körper 2			Körper 3			Dehnung im Mittel
Wärme im Ofen	Längenausdehnung des Körpers		Wärme im Ofen	Längenausdehnung des Körpers		Wärme im Ofen	Längenausdehnung des Körpers		
°C	mm	vT	°C	mm	vT	°C	mm	vT	vT
22	0,00	0,00	22	0,00	0,00	22	0,00	0,00	0,00
100	0,03	0,58	100	0,05	0,90	100	0,05	0,90	0,79
200	0,11	2,13	200	0,12	2,16	200	0,13	2,33	2,21
300	0,13	2,51	300	0,22	3,94	300	0,20	3,60	3,35
400	0,18	3,49	400	0,28	5,05	400	0,26	4,67	4,40
500	0,27	5,24	500	0,34	6,13	500	0,33	5,92	5,76
600	0,31	6,00	600	0,37	6,67	600	0,36	6,46	6,38
700	0,29	5,63	700	0,43	7,75	700	0,38	6,83	6,74
800	0,36	6,99	800	0,47	8,47	800	0,49	8,80	8,09
900	0,47	9,12	900	0,53	9,55	900	0,58	10,41	9,69
950	0,57	11,07	950	0,60	10,81	950	0,66	11,85	11,24
1000	0,67	13,00	1000	0,69	12,43	1000	0,73	13,11	12,85
1050	0,73	14,17	1050	0,73	13,17	1050	0,82	14,72	14,02
1100	0,81	15,73	1100	0,77	13,87	1100	0,87	15,62	15,07
1125	0,88	17,09	1125	0,79	14,24	1125	0,89	15,98	15,77
1150	0,90	17,48	1150	0,86	15,49	1150	0,96	17,23	16,73
1175	0,95	18,44	1175	0,87	15,66	1175	1,01	18,13	17,41
1200	0,97	18,83	1200	0,91	16,40	1200	1,03	18,49	17,91
1200	0,99	19,22	1200	0,97	17,48	1200	1,04	18,67	18,46
1150	0,85	16,50	1150	0,86	15,49	1150	0,97	17,41	16,50
1100	0,81	15,73	1100	0,78	14,07	1100	0,86	15,45	15,08
1050	0,73	14,17	1050	0,77	13,87	1050	0,83	14,92	14,32
1000	0,71	13,79	1000	0,76	13,69	1000	0,77	13,82	13,80
950	0,62	12,04	950	0,67	12,07	950	0,73	13,11	12,41
900	0,47	9,12	900	0,60	10,81	900	0,67	12,01	10,65
850	0,44	8,55	—	—	—	—	—	—	—
800	0,37	7,18	800	0,48	8,65	800	0,58	10,41	8,75
700	0,31	6,00	700	0,44	7,93	700	0,52	9,33	7,75
600	0,21	4,08	600	0,38	6,85	600	0,38	6,83	5,92
500	0,18	3,49	500	0,29	5,25	500	0,28	5,03	4,59
400	0,15	2,91	400	0,21	3,78	400	0,23	4,13	3,61
300	0,14	2,72	300	0,11	1,98	300	0,17	3,05	2,58
200	0,08	1,54	200	0,07	1,26	200	0,08	1,44	1,41
20	0,00	0,00	22	0,00	0,00	22	0,00	0,00	0,00

Bemerkungen: Körper 1 zeigte nach dem Versuch einige Schmelzflecke, Körper 2 und 3 ließen nach dem Versuch einige aufgequollene Körner erkennen.

Zahlentafel 7. Stein »Nr. 5«. Bezeichnung »$\frac{\text{K.M.}}{\text{L.}}$« und »G.I« (siehe Fig. 7).

Körper 1			Körper 2			Körper 3			Dehnung im Mittel
19	0,00	0,00	17	0,00	0,00	19	0,00	0,00	0,00
100	0,03	0,53	100	0,03	0,53	100	0,03	0,61	0,56
200	0,11	1,94	200	0,10	1,77	200	0,10	2,04	1,92
300	0,16	2,82	300	0,15	2,65	300	0,15	3,04	2,84
400	0,25	4,41	400	0,20	3,54	400	0,22	4,49	4,15
500	0,28	4,93	500	0,25	4,43	500	0,27	5,51	4,96
600	0,34	5,99	600	0,34	6,01	600	0,31	6,33	6,11
700	0,38	6,70	700	0,44	7,79	700	0,36	7,37	7,29
800	0,51	9,00	800	0,48	8,49	800	0,46	9,39	8,96
900	0,62	10,94	900	0,60	10,64	900	0,58	11,84	11,14
950	0,67	11,82	950	0,68	12,04	950	0,67	13,67	12,51
1000	0,71	12,52	1000	0,74	13,09	1000	0,69	14,08	13,23
1050	0,79	13,93	1050	0,80	14,16	1050	0,75	15,31	14,47
1100	0,83	14,64	1110	0,85	15,04	1110	0,78	15,91	15,20
1125	0,88	15,53	1125	0,88	15,57	1125	0,84	17,14	16,08
1150	0,93	16,40	1150	0,96	16,99	1150	0,87	17,75	17,05
1175	1,01	17,81	1175	1,05	18,58	1175	0,97	19,80	18,73
1200	1,04	18,34	1200	1,07	18,94	1200	1,02	20,81	19,36

Zahlentafel 7 (Fortsetzung).

Körper 1			Körper 2			Körper 3			Dehnung im Mittel
Wärme im Ofen	Längenausdehnung des Körpers		Wärme im Ofen	Längenausdehnung des Körpers		Wärme im Ofen	Längenausdehnung des Körpers		
^{0}C	mm	vT	^{0}C	mm	vT	^{0}C	mm	vT	vT
1150	0,93	16,40	1150	0,94	16,63	1150	0,95	19,38	17,47
1100	0,82	14,47	1100	0,90	15,93	1100	0,82	16,73	15,71
1050	0,77	13,58	1050	0,81	14,33	1050	0,74	15,11	14,34
1000	0,72	12,70	1000	0,72	12,74	1000	0,70	14,28	13,24
950	0,67	11,82	950	0,67	11,87	950	0,68	13,87	12,52
900	0,62	10,94	900	0,60	10,64	900	0,61	12,45	11,34
800	0,48	8,46	800	0,49	8,66	800	0,50	10,20	9,11
700	0,38	6,70	700	0,36	6,37	700	0,36	7,34	6,80
600	0,34	5,99	600	0,28	4,96	600	0,29	5,92	5,62
500	0,23	4,05	500	0,20	3,54	500	0,21	4,28	3,96
400	0,15	2,64	400	0,15	2,65	400	0,16	3,26	2,85
300	0,11	1,94	300	0,11	1,95	300	0,13	2,65	2,18
200	0,07	1,24	200	0,07	1,24	200	0,08	1,62	1,37
20	0,00	0,00	18	0,00	0,00	19	0,00	0,00	0,00

Zahlentafel 8. Stein »Nr. 6« (siehe Fig. 8).

Wärme im Ofen	mm	vT	Wärme im Ofen	mm	vT	Wärme im Ofen	mm	vT	Dehnung im Mittel vT
22	0,00	0,00	20	0,00	0,00	23	0,00	0,00	0,00
100	0,04	0,74	100	0,04	0,78	100	0,04	0,77	0,76
200	0,08	1,49	200	0,09	1,75	200	0,09	1,73	1,66
300	0,15	2,79	300	0,16	3,11	300	0,17	3,27	3,06
400	0,20	3,72	400	0,22	4,27	400	0,21	4,06	4,02
500	0,29	5,40	500	0,36	6,99	500	0,33	6,36	6,25
600	0,48	8,94	600	0,47	9,12	600	0,42	8,10	8,72
700	0,61	11,36	700	0,63	12,23	700	0,57	10,98	11,52
800	0,84	15,64	800	0,76	14,76	800	0,66	12,72	14,37
900	1,06	19,74	900	1,03	19,99	900	0,87	16,76	18,83
950	1,20	22,34	950	1,12	21,75	—	—	—	—
1000	1,26	23,46	1000	1,18	22,91	1000	1,02	19,65	22,01
1050	1,34	24,95	1050	1,26	24,47	1050	1,08	20,81	23,41
1100	1,45	27,00	1100	1,38	26,80	1100	1,16	22,35	25,38
1125	1,46	27,18	1125	1,45	28,15	—	—	—	—
1150	1,53	28,49	1150	1,49	28,93	1150	1,24	23,89	27,10
1175	1,60	29,78	1175	1,61	31,26	—	—	—	—
1200	1,82	33,89	1200	1,69	32,82	1200	1,34	25,82	30,84
1200	1,96	36,49	1200	1,71	33,20	1200	1,38	26,59	32,09
1150	1,76	32,77	1150	1,59	30,88	—	—	—	—
1100	1,54	28,67	1100	1,44	27,98	1100	1,24	23,90	26,85
1050	1,49	27,74	1050	1,25	24,27	—	—	—	—
1000	1,34	24,95	1000	1,21	23,50	1000	1,06	20,43	22,96
950	1,27	23,65	950	1,13	21,95	—	—	—	—
900	1,14	21,23	900	1,06	20,58	900	0,94	18,11	19,97
800	0,99	18,43	800	0,79	15,34	800	0,66	12,72	15,50
700	0,90	16,76	700	0,60	11,65	700	0,52	10,02	12,81
600	0,74	13,78	600	0,52	10,10	600	0,39	7,51	10,46
500	0,51	9,50	500	0,43	8,35	500	0,35	6,36	8,07
400	0,45	8,38	400	0,34	6,60	400	0,22	4,24	6,41
300	0,36	6,70	300	0,27	5,24	300	0,17	3,27	5,07
200	0,28	5,21	200	0,11	2,13	200	0,10	1,93	3,09
—	—	—	—	—	—	100	0,03	0,58	—
24	0,00	0,00	21	0,00	0,00	23	0,00	0,00	0,00

Bemerkungen: Die Körper waren vor dem Versuch ziemlich zerbrechlich und wurden durch die Erhitzung bis 1200^0 C fester.

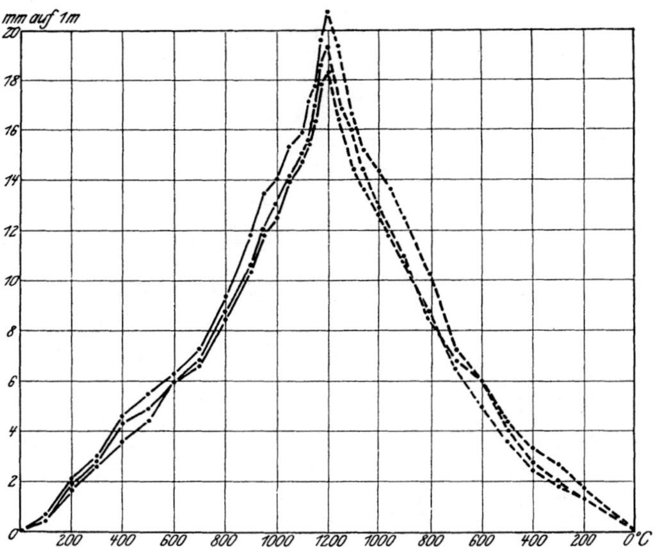

Fig. 7. Stein »Nr. 5«, gezeichnet »$\frac{K\,M}{L}$« und »G I«.

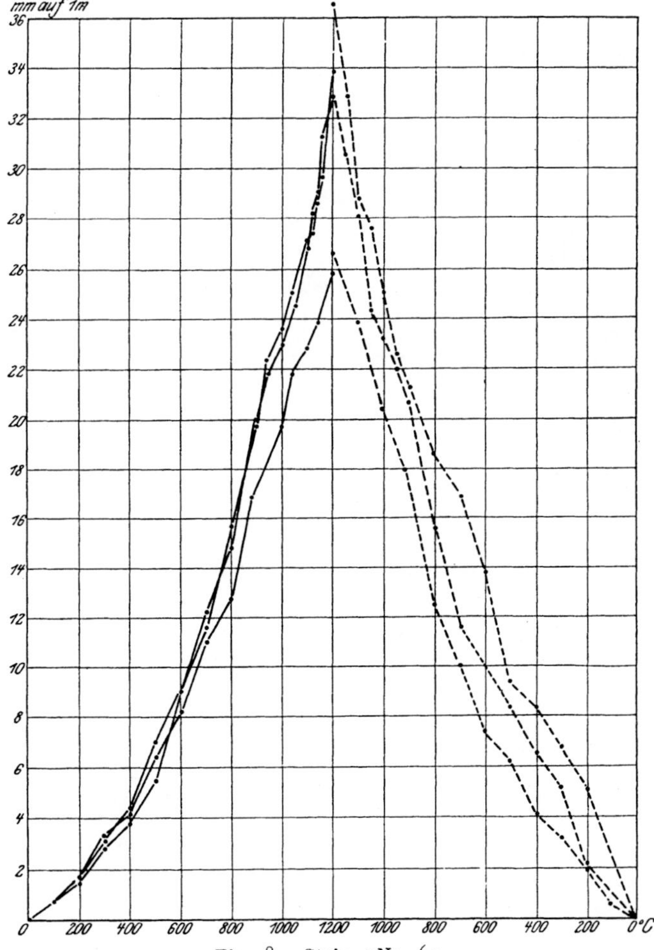

Fig. 8. Stein »Nr. 6«.

Zahlentafel 9. Stein »Nr. 7«. Bezeichnung »14« (siehe Fig. 9).

| Körper 1 | | | Körper 2 | | | Körper 3 | | | Dehnung im Mittel |
| Wärme im Ofen | Längenausdehnung des Körpers | | Wärme im Ofen | Längenausdehnung des Körpers | | Wärme im Ofen | Längenausdehnung des Körpers | | |
^{0}C	mm	vT	^{0}C	mm	vT	^{0}C	mm	vT	vT
22	0,00	0,00	24	0,00	0,00	21	0,00	0,00	0,00
100	0,06	0,97	100	0,07	1,22	100	0,04	0,70	0,96
200	0,20	3,25	200	0,20	3,50	200	0,14	2,47	3,07
300	0,29	4,71	300	0,28	4,89	300	0,28	4,92	4,84
400	0,42	6,82	400	0,42	7,33	400	0,38	6,67	6,94
500	0,48	7,78	500	0,50	8,73	500	0,47	8,26	8,26
600	0,58	9,42	600	0,58	10,12	600	0,55	9,65	9,73
700	0,64	10,39	700	0,67	11,69	700	0,62	10,87	10,98
800	0,72	11,69	800	0,73	12,74	800	0,67	11,75	12,06
900	0,80	12,99	900	0,82	14,31	900	0,78	13,68	13,66
1000	0,85	13,80	1000	0,90	15,71	1000	0,82	14,39	14,63
1050	0,98	15,91	1050	0,91	15,88	1050	0,85	14,91	15,57
1100	1,08	17,53	1100	0,97	16,93	1100	0,96	16,84	17,10
1150	1,12	18,18	1150	1,02	17,80	1150	1,00	17,54	17,84
1200	1,15	18,67	1200	1,12	19,54	1200	1,08	18,95	19,05
1200	1,18	19,15	1200	1,16	20,24	1200	1,12	19,65	19,68
1150	1,03	16,72	1150	1,09	19,02	1150	1,01	17,72	17,82
1100	1,00	16,24	1100	1,05	18,32	1100	0,96	16,84	17,13
1050	0,99	16,06	—	—	—	—	—	—	—
1000	0,94	15,25	1000	1,00	17,45	1000	0,85	14,91	15,87
900	0,87	14,12	900	0,97	16,93	900	0,80	14,03	15,03
800	0,78	12,67	800	0,93	16,24	800	0,68	11,93	13,61
700	0,67	10,87	700	0,84	14,66	700	0,65	11,40	12,31
600	0,56	9,09	600	0,72	12,57	600	0,56	9,83	10,50
500	0,51	8,29	500	0,65	11,34	500	0,49	8,61	9,41
400	0,45	7,31	400	0,41	7,16	400	0,40	7,02	7,16
300	0,39	6,32	300	0,31	5,41	300	0,29	5,10	5,61
200	0,28	4,55	200	0,22	3,84	200	0,16	2,81	3,73
100	0,09	1,46	100	0,10	1,75	100	0,06	1,05	1,42
20	0,00	0,00	20	0,00	0,00	20	0,00	0,00	0,00

Zahlentafel 10. Stein »Nr. 8«. Bezeichnung »A A« (siehe Fig. 10).

Körper 1			Körper 2			Körper 3			Dehnung im Mittel
21	0,00	0,00	22	0,00	0,00	21	0,00	0,00	0,00
100	0,06	1,11	100	0,08	1,45	100	0,09	1,65	1,40
200	0,10	1,83	200	0,18	3,26	200	0,16	2,94	2,68
300	0,20	3,67	300	0,33	5,97	300	0,22	4,04	4,56
400	0,29	5,32	400	0,44	7,95	400	0,35	6,43	6,57
500	0,34	6,24	500	0,60	10,85	500	0,44	8,08	8,39
600	0,47	8,62	600	0,69	12,49	600	0,45	8,27	9,79
700	0,53	9,72	700	0,73	13,20	700	0,51	9,37	10,76
800	0,63	11,56	800	0,75	13,56	800	0,58	10,66	11,93
900	0,73	13,29	900	0,80	14,46	900	0,66	12,13	13,29
1000	0,76	13,94	1000	0,84	15,19	1000	0,67	12,31	13,81
1050	0,80	14,68	1050	0,88	15,91	1050	0,68	12,50	14,36
1100	0,82	15,05	1100	0,83	15,01	1100	0,66	12,13	14,06
1125	0,84	15,41	1125	0,81	14,65	1125	0,66	12,13	14,06
1150	0,86	15,78	1150	0,80	14,46	1150	0,64	11,77	14,00
1175	0,91	16,70	1175	0,78	14,10	1175	0,65	11,95	14,25
1200	0,95	17,43	1200	0,74	13,38	1200	0,64	11,77	14,19
1200	0,96	17,61	1200	0,72	13,02	1200	0,59	10,85	13,83

Zahlentafel 10 (Fortsetzung).

Körper 1			Körper 2			Körper 3			Dehnung im Mittel
Wärme im Ofen	Längenausdehnung des Körpers		Wärme im Ofen	Längenausdehnung des Körpers		Wärme im Ofen	Längenausdehnung des Körpers		
°C	mm	vT	°C	mm	vT	°C	mm	vT	vT
1150	0,83	15,23	1150	0,77	13,92	1150	0,58	10,66	13,27
1100	0,76	13,94	1100	0,74	13,38	1100	0,56	10,29	12,54
1000	0,66	12,11	1000	0,74	13,38	1000	0,56	10,29	12,26
900	0,64	11,74	900	0,73	13,20	900	0,52	9,56	11,50
800	0,61	11,19	800	0,66	11,93	800	0,46	8,45	10,52
700	0,55	10,09	700	0,61	11,03	700	0,45	8,27	9,80
600	0,43	7,89	600	0,50	9,04	600	0,39	7,18	8,04
500	0,34	6,22	500	0,44	7,95	500	0,33	6,06	6,74
400	0,25	4,59	400	0,40	7,23	400	0,28	5,14	5,65
300	0,16	2,94	300	0,29	5,24	300	0,23	4,23	4,14
200	0,09	1,66	200	0,24	4,33	200	0,19	3,47	3,15
100	0,05	0,92	100	0,11	1,99	100	0,12	2,21	1,71
22	0,02	0,36	22	0,05	0,90	21	0,06	1,10	0,79

Bemerkungen: Das Gefüge der drei Körper lockerte sich infolge des Versuches.

Zahlentafel 11. Stein »Nr. 9«. Bezeichnung »H.B.« (siehe Fig. 11).

Wärme im Ofen °C	mm	vT	Wärme im Ofen °C	mm	vT	Wärme im Ofen °C	mm	vT	Mittel vT
22	0,00	0,00	20	0,00	0,00	22	0,00	0,00	0,00
100	0,06	1,11	100	0,03	0,56	100	0,03	0,55	0,74
200	0,09	1,67	200	0,08	1,48	200	0,08	1,46	1,54
300	0,12	2,22	300	0,12	2,22	300	0,11	2,01	2,15
400	0,14	2,59	400	0,19	3,52	400	0,16	2,92	3,01
500	0,16	2,96	500	0,27	5,00	500	0,22	4,01	3,99
600	0,19	3,52	600	0,29	5,37	600	0,28	5,11	4,67
700	0,24	4,44	700	0,32	5,93	700	0,30	5,47	5,28
800	0,32	5,93	800	0,37	6,85	800	0,37	6,75	6,51
900	0,39	7,22	900	0,43	7,96	900	0,43	7,84	7,67
1000	0,44	8,15	1000	0,47	8,70	1000	0,46	8,39	8,41
1050	0,50	9,26	1050	0,49	9,07	1050	0,50	9,12	9,15
1100	0,56	10,37	1100	0,50	9,26	1100	0,54	9,85	9,83
1125	0,60	11,11	1125	0,50	9,26	1125	0,58	10,58	10,32
1150	0,66	12,22	1150	0,50	9,26	1150	0,60	10,94	10,81
1175	0,67	12,41	1175	0,51	9,44	1175	0,62	11,31	11,05
1200	0,69	12,78	1200	0,50	9,26	1200	0,64	11,68	11.24
1200	0,70	12,96	1200	0,54	10,00	1200	0,66	12,03	11,66
1100	0,66	12,22	1100	0,42	7,78	1100	0,58	10 59	10,20
1000	0,57	10,56	1000	0,31	5,74	1000	0,54	9,85	8,72
900	0,48	8,89	900	0,26	4,82	900	0,51	9,31	7,67
800	0,44	8,15	800	0,23	4,26	800	0,48	8,76	7,06
700	0,42	7,78	700	0,20	3,70	700	0,37	6,75	6,08
600	0,41	7,59	600	0,17	3,15	600	0,30	5,47	5,40
500	0,39	7,22	500	0,14	2,59	500	0,25	4,56	4,79
400	0,34	6,30	400	0,11	2,04	400	0,20	3,65	4,00
300	0,29	5,37	300	0,09	1,67	300	0,13	2,37	3,14
200	0,19	3,52	200	0,06	1,11	200	0,04	0,73	1,79
100	0,10	1,85	100	0,02	0,37	100	0,03	0,55	0,92
22	0,03	0,56	21	0,00	0,00	22	0,00	0,00	0,19

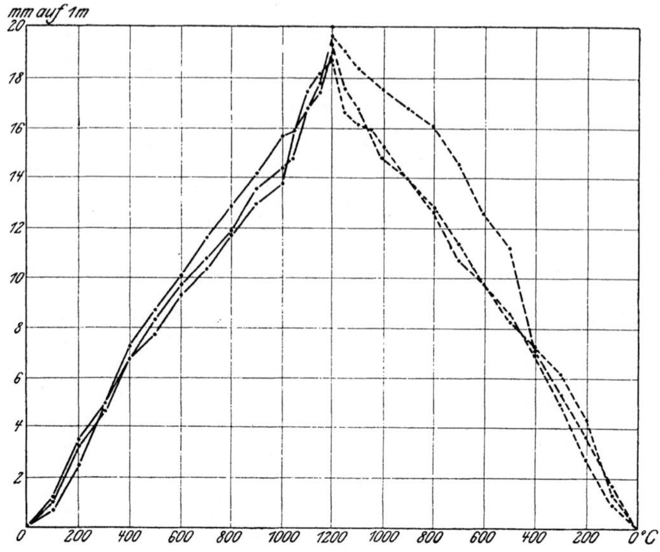

Fig. 9. Stein »Nr. 7«, gezeichnet »14«.

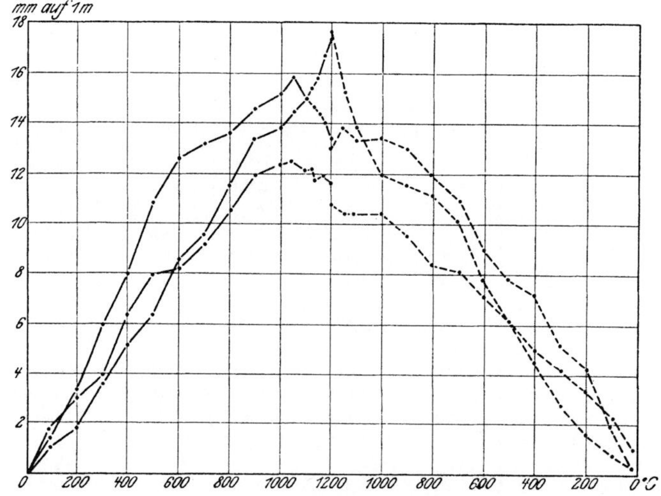

Fig. 10. Stein »Nr. 8«, gezeichnet »A A«.

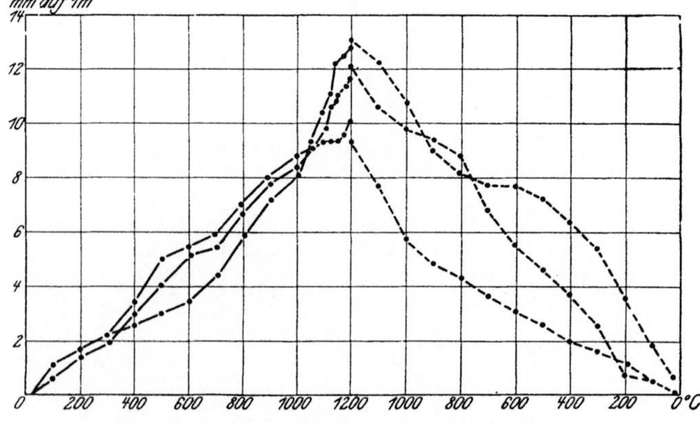

Fig. 11. Stein »Nr. 9«, gezeichnet »H.B.«.

Zahlentafel 12. Stein »Nr. 10«. Bezeichnung »K.« (siehe Fig. 12).

| Körper 1 | | | Körper 2 | | | Körper 3 | | | Dehnung im Mittel |
| Wärme im Ofen | Längenausdehnung des Körpers | | Wärme im Ofen | Längenausdehnung des Körpers | | Wärme im Ofen | Längenausdehnung des Körpers | | |
^{0}C	mm	vT	^{0}C	mm	vT	^{0}C	mm	vT	vT
22	0,00	0,00	23	0,00	0,00	24	0,00	0,00	0,00
100	0,04	0,74	100	0,04	0,74	100	0,05	0,91	0,80
200	0,16	2,98	200	0,10	1,85	200	0,11	2,01	2,28
300	0,21	3,90	300	0,15	2,78	300	0,17	3,09	3,26
400	0,28	5,21	400	0,21	3,89	400	0,26	4,74	4,61
500	0,31	5,77	500	0,26	4,82	500	0,32	5,84	5,48
600	0,39	7,26	600	0,33	6,11	600	0,37	6,75	6,71
700	0,44	8,19	700	0,40	7,41	700	0,46	8,39	8,00
800	0,55	10,24	800	0,43	7,96	800	0,54	9,85	9,35
900	0,57	10,61	900	0,49	9,07	900	0,59	10,76	10,15
1000	0,58	10,80	1000	0,58	10,74	1000	0,69	12,59	11,38
1050	0,60	11,17	1050	0,62	11,48	1050	0,67	12,22	11,62
1100	0,63	11,73	1100	0,64	11,95	1100	0,65	11,86	11,85
1125	0,63	11,73	1125	0,65	12,04	1125	0,63	11,50	11,76
1150	0,63	11,73	1150	0,64	11,95	1150	0,62	11,31	11,66
1175	0,63	11,73	1175	0,64	11,95	1175	0,57	10,40	11,36
1200	0,61	11,36	1200	0,63	11,67	1200	0,51	9,31	10,78
1200	0,60	11,17	1200	0,63	11,67	1200	0,47	8,56	10,47
1100	0,51	9,50	1100	0,56	10,37	1100	0,42	7,66	9,18
1000	0,45	8,38	1000	0,51	9,45	1000	0,38	6,93	8,25
900	0,36	6,70	900	0,46	8,52	900	0,35	6,38	7,20
800	0,30	5,59	800	0,37	6,85	800	0,33	6,02	6,15
700	0,29	5,40	700	0,34	6,30	700	0,32	5,84	5,85
600	0,26	4,84	600	0,29	5,17	600	0,29	5,31	5,11
500	0,24	4,47	500	0,25	4,63	500	0,20	3,65	4,25
400	0,21	3,90	400	0,22	4,07	400	0,10	1,82	3,26
300	0,16	2,98	300	0,19	3,52	300	0,08	1,48	2,66
200	0,10	1,86	200	0,11	2,04	200	0,04	0,73	1,54
100	0,03	0,56	100	0,06	1,11	100	0,00	0,00	0,56
22	0,00	0,00	23	0,00	0,00	23	−0,02	−0,36	−0,12

2) Beanspruchung der Körper.

Zahlentafel 13. Stein »Nr. 1«. Bezeichnung »2« (siehe Fig. 14).

| Körper 1 | | | Körper 2 | | | Körper 3 | | | Dehnung im Mittel |
| Wärme im Ofen | Längenausdehnung des Körpers | | Wärme im Ofen | Längenausdehnung des Körpers | | Wärme im Ofen | Längenausdehnung des Körpers | | |
^{0}C	mm	vT	^{0}C	mm	vT	^{0}C	mm	vT	vT
24	0,00	0,00	21	0,00	0,00	20	0,00	0,00	0,00
100	0,01	0,18	100	0,03	0,50	100	0,03	0,58	0,42
200	0,09	1,64	200	0,05	0,83	200	0,07	1,35	1,27
300	0,12	2,19	300	0,13	2,19	300	0,10	1,93	2,10
400	0,15	2,73	400	0,15	2,52	400	0,18	3,47	2,91
500	0,16	2,91	500	0,23	3,86	500	0,22	4,26	3,68
600	0,18	3,27	600	0,29	4,87	600	0,28	5,42	4,52
700	0,28	5,10	700	0,32	5,37	700	0,34	6,56	5,68
800	0,36	6,56	800	0,41	6,87	800	0,40	7,72	7,03
900	0,45	8,20	900	0,51	8,55	900	0,51	9,85	8,87
1000	0,58	10,54	1000	0,61	10,20	1000	0,58	11,20	10,65
1050	0,62	11,27	1050	0,63	10,53	1050	0,62	11,99	11,26
1100	0,65	11,84	1100	0,66	11,04	1100	0,67	12,93	11,94
1150	0,73	13,27	1150	0,67	11,20	1150	0,73	14,11	12,86
1175	0,78	14,18	1175	0,67	11,20	1175	0,75	14,48	13,29
1200	0,86	15,63	1200	0,66	11,04	1200	0,78	15,06	13,91
1100	0,73	13,27	1100	0,57	9,53	1100	0,66	12,74	11,85
1000	0,59	10,75	1000	0,54	9,03	1000	0,59	11,39	10,39
900	0,48	8,73	900	0,46	7,69	900	0,46	8,88	8,43
800	0,41	7,45	800	0,39	6,54	800	0,36	6,95	6,98
700	0,32	5,82	700	0,31	5,20	700	0,30	5,79	5,60
600	0,21	3,82	600	0,26	4,37	600	0,24	4,63	4,27
500	0,15	2,73	500	0,22	3,69	500	0,19	3,67	3,36
400	0,14	2,55	400	0,18	3,03	400	0,15	2,90	2,83
300	0,11	2,00	300	0,15	2,52	300	0,12	2,32	2,28
200	0,09	1,64	200	0,08	1,33	200	0,09	1,74	1,57
100	0,04	0,73	100	0,03	0,50	100	0,04	0,77	0,67
22	0,00	0,00	22	0,00	0,00	20	0,00	0,00	0,00

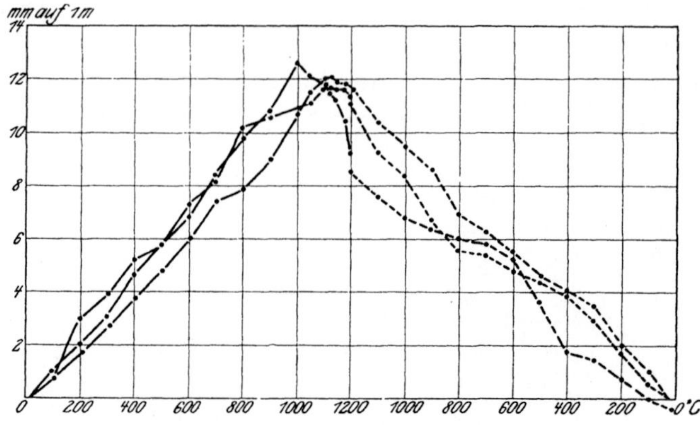

Fig. 12.   Stein »Nr. 10«, gezeichnet »C.K.«.

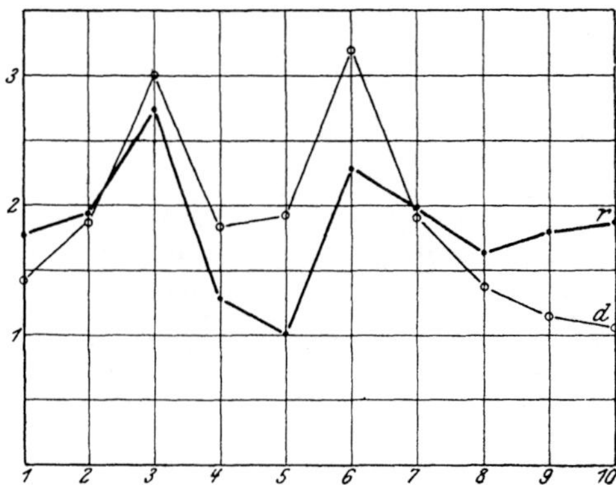

Fig. 13.   Beziehungen zwischen Raumgewicht ● und Dehnung ○ in cm bei
Erhitzung bis 1200⁰ C.

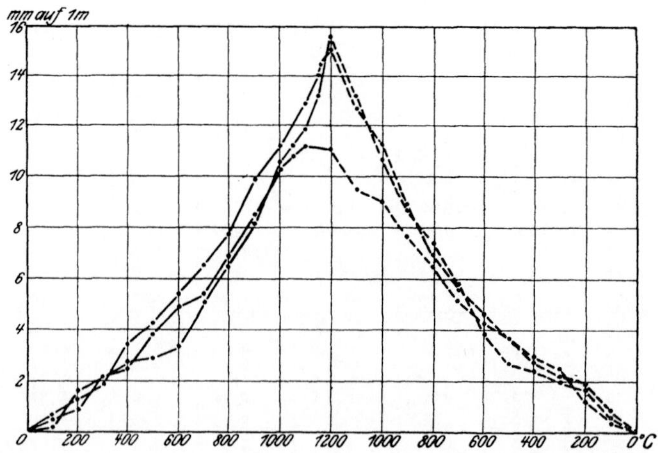

Fig. 14.   Stein »Nr. 1«, gezeichnet »2«.   2) Beanspruchung der Körper.

Der Stein 1 hat nach den ersten Versuchen eine bleibende Schwindung von 0,31 vT ergeben.

Die wiederholten Versuche mit dem Stein 1, Zahlentafel 13, Fig. 14, haben aber keine weitere Veränderung der Körper 1_1, 1_2, 1_3 hervorgerufen.

Der Körper 1 des Steines 2 erlitt eine ähnlich große Schwindung, indessen kann hier eine Zufälligkeit im Stoff des einen Körpers mitsprechen, da die anderen Körper desselben Steines die Erscheinung nicht zeigen. Weitere Wiederholungen des Glühverfahrens mit anderen Stäben sind in Aussicht genommen, um festzustellen, ob sich alle Steine gegen wiederholtes Glühen gleichmäßig verhalten wie Stein 1, oder inwiefern sie abweichen.

Glühversuch bis nahe zum Schmelzpunkt.
Erste Beanspruchung.

Bei Erhitzung bis zu etwa Kegel 4 haben nach den vorstehend mitgeteilten Ergebnissen sämtliche Steine weder erhebliche Schwindung, noch überhaupt bleibende Schwellung erlitten. Um nun aber den Anforderungen der Bestimmungen der Kaiserlichen Marine möglichst voll gerecht zu werden, wurden noch Stäbchen von dreieckigem Querschnitt und 4 cm Länge aus den abgefallenen Stücken a, a, a, Fig. 1, so herausgeschliffen, daß die äußere Brennhaut der Läufer- und Kopfseiten erhalten blieb. Diese Stäbchen wurden, nachdem ihre Länge durch wiederholte Messungen mit Hülfe einer Schublehre festgestellt war, zusammen mit Segerkegeln im Deville-Ofen bis nahe zu ihrem Schmelzpunkt, etwa 3 Kegel unterhalb desselben, erhitzt und nach erfolgter Abkühlung wieder mit der Schublehre gemessen.

Auf genauere Messungen mußte verzichtet werden, weil für so hohe Hitzegrade, wie hier in Frage kommen, elektrische Oefen nicht zur Verfügung standen.

Die Ergebnisse sind in Zahlentafel 14 zusammengestellt.

Zahlentafel 14. Längenänderung nach stärkster Erhitzung.

Stoff	Probe	Messung in cm vor der Erhitzung	nach der Erhitzung	Längenausdehnung cm	im Mittel vH	erhitzt bis S.-K.	Beschaffenheit des Versuchskörpers nach dem Versuch
1	1	4,045	4,000	—0,045		30	wenig verändert
	2	4,024	3,985	—0,039	—1,1		
	3	3,990	3,940	—0,050			
2	1	4,015	—	—	—	28	angeschmolzen, nicht meßbar
	2	3,995	3,925	—0,070	—1,2	27	unten schwach angeschmolzen
	3	3,975	3,950	—0,025			—
4	1	3,981	3,695	—0,286	—7,2	27	schwach verglast
	2	—	—	—	—	—	—
	3	—	—	—	—	—	—
5	1	3,985	3,640	—0,345			—
	2	3,960	3,600	—0,360	—8,4	26	an einigen Stellen geschmolzen
	3	3,990	3,720	—3,270			an einer Kante angeschmolzen
6	1	3,980	3,800	—0,180			in zwei Teile gesprungen
	2	4,010	3,880	—0,130	—4,4	36	
	3	3.998	3,780	—0,218			Querriß
7	1	3,990	3,715	—0,275			an der Oberfläche verglast
	2	3,980	3,815	—0,165	—5,5	28	
	3	—	—	—	—	—	—
10	1	4,045	3,940	0,105		29	äußerlich unverändert
	2	4,025	3,950	0,075	—2,2		
	3	—	—	—	—	—	—

Nach den Anforderungen der Kaiserlichen Marine dürfen die Steine nach dem Glühen nicht mehr als 2 vH schwinden oder wachsen; sie dürfen keine Hartbruchrisse zeigen und nicht bröcklig werden.

Diesen Bedingungen würden nur die Schamottesteine 1 und 2 genügen, nicht aber die porigen Steine 4 und 5, die im Mittel 7,2 und 8,4 vH und der Magnesitstein 6, der im Mittel 4,4 vH Schwindung erlitten hat, und ferner nicht der Schweißofenstein 7 mit 5,5 vH Schwindung, ja selbst nicht der Stein 10 mit nur 2,2 vH Schwindung.

Es wäre erwünscht, wenn aus den Kreisen der Industrie möglichst viele Sorten feuerfester Steine zur Prüfung nach den geschilderten Verfahren an das Amt eingereicht würden, damit sich besser übersehen läßt, wie viele der angebotenen feuerfesten Steine den Bedingungen genügen, oder in welchen Punkten diese Bedingungen verbesserungsbedürftig sind.

Zweite Beanspruchung.

Die noch tauglichen Stäbe aus den Materialien 1, 2, 4, 5, 7 und 10 sind bei den gleichen Temperaturen wie beim ersten Versuch noch einmal geglüht und nach Abkühlung wieder gemessen worden: Zahlentafel 15 enthält die Ergeb-

Zahlentafel 15. Veränderung nach zweimaliger Erhitzung.

Stoff	Probe	Messung in cm vor der 2. Erhitzung	nach	Längenänderung cm	im Mittel vH	erhitzt bis S.-K.	Beschaffenheit des Versuchskörpers nach dem Versuch
1	1	4,000	3,925	—0,075			
	2	3,985	3,965	—0,020	—1,4	30	wenig verändert, nur Außenflächen verglast
	3	3,940	3,870	—0,070			
2	2	3,925	—	—	—	27—28	zusammengeschmolzen, stark ver-[kürzt, nicht mehr meßbar
	3	3,950	3,865	—0,085	—2,2		
4	1	3,695	—	—	—	28	stark verkrümmt, nicht mehr meßbar
5	1	3,640	3,445	—0,195			
	2	3,600	3,575	—0,025	—3,6	26	äußerlich wenig verändert
	3	3,720	3,550	—0,170			
7	1	3,715	—	—	—	27—28	stark zusammengeschmolzen, nicht mehr meßbar
	2	3,815	—	—	—		
10	1	3,940	(3,925)	—	—	29	Oberfläche verglast, Messungen unsicher
	2	3,950	(3,990)	—	—		

nisse. Nur die Stäbe zu 1, 2 und 5 waren nach dem zweiten Versuch noch meßbar, aber diese 3 Steinsorten haben weitere beträchtliche Schwindungen erlitten, und die Sorten 4 und 7 waren geschmolzen.

$$\text{Material 1 hat insgesamt } 1,4 + 1,1 = 2,5 \text{ vH}$$
$$\text{» } 2 \text{ » » } 1,2 + 2,2 = 3,4 \text{ »}$$
$$\text{» } 5 \text{ » » } 8,4 + 3,6 = 12,0 \text{ »}$$

Schwindung erlitten.

Die Versuche beweisen wohl, daß man die feuerfesten Steine in der Praxis nicht bis nahe an den Schmelzpunkt erhitzen darf, wenn man nicht erhebliche Schwindungen in Kauf nehmen will; denn die Erweichung und damit das Schwinden der Steine tritt wesentlich unterhalb des Schmelzpunktes ein.

Erwünscht wäre die Erweiterung der Versuche mit Hülfe der beteiligten Industrien, insbesondere mit solchen Steinen, die nach bestimmt vereinbarten Vorschriften gefertigt sind, deren Zusammensetzung und Herstellungsweise man also kennt.